汽车检测与维修技术专业技能考核标准与考核题库

QICHE JIANCE YU WEIXIU JISHU ZHUANYE JINENG KAOHE BIAOZHUN YU KAOHE TIKU

主 编：肖亚红 朱先明 侯志华
副主编：黄志勇 冯 睿 石庆丰

中南大学出版社
www.csupress.com.cn
·长沙·

图书在版编目（CIP）数据

汽车检测与维修技术专业技能考核标准与考核题库 /
肖亚红，朱先明，侯志华主编. —长沙：中南大学出版
社，2021.7

ISBN 978-7-5487-4513-6

Ⅰ. ①汽… Ⅱ. ①肖… ②朱… ③侯… Ⅲ. ①汽车－
故障检测－高等职业教育－习题集②汽车－车辆修理－高
等职业教育－习题集 Ⅳ. ①U472-44

中国版本图书馆 CIP 数据核字（2021）第 123103 号

汽车检测与维修技术专业技能考核标准与考核题库

QICHE JIANCE YU WEIXIU JISHU ZHUANYE JINENG KAOHE BIAOZHUN YU KAOHE TIKU

主编　肖亚红　朱先明　侯志华

□责任编辑	胡小锋		
□责任印制	唐　曦		
□出版发行	中南大学出版社		
	社址：长沙市麓山南路		邮编：410083
	发行科电话：0731-88876770		传真：0731-88710482
□印　　装	长沙市宏发印刷有限公司		

□开　　本	787 mm×1092 mm　1/16	□印张 18	□字数 459 千字
□版　　次	2021 年 7 月第 1 版	□2021 年 7 月第 1 次印刷	
□书　　号	ISBN 978-7-5487-4513-6		
□定　　价	39.50 元		

图书出现印装问题，请与经销商调换

前 言
PREFACE

　　本书以专业人才培养方案为指导，结合国家职业标准、各类大赛竞赛标准、1+X 证书制度以及部分品牌的企业标准，经过企业调研提炼典型工作任务，继而构建能力模型，再邀请行业企业专家论证生成题库，评分细则全面、检测点可视。

　　本书主要考核学生对于汽车发动机、底盘、电器元件构造及工作原理的掌握程度；能否在规定时间内完成岗位典型工作任务；作业过程中是否具备规范操作意识、安全文明生产意识，是否具备扎实的工作态度；是否具备较强的逻辑思维能力和推理能力。本书技能考核标准从学生、课程、专业三个层面实现精准评价、技能提升等考核目标。典型工作任务划分成岗位基本能力、岗位核心能力和跨岗位综合能力三大模块。岗位基本能力模块主要对学生汽车基本维护保养能力、汽车零部件拆装与检测能力进行考核；岗位核心能力主要考核学生汽车综合故障诊断与排除的能力；跨岗位综合能力主要考核学生是否能对车辆性能进行评估，是否具备二手车鉴定评估的基本技能。本书覆盖专业核心技术技能要求，难易适当，综合性强，可以对学生的专业技能，以及在实际操作过程中所表现出来的职业素养进行综合评价。

　　由于编者水平有限，书中不免存在错误与不妥之处，敬请读者批评指正。

编 者

2021 年 7 月

目 录
CONTENTS

第一篇

考核标准

第一篇

林业财学

一、适用专业及适用对象

1. 适用专业

汽车检测与维修技术。

2. 适用对象

高职全日制在籍毕业年级学生。

二、考核目标

主要考核学生对汽车发动机、底盘、电器元件构造及工作原理的掌握程度；能否在规定时间内完成岗位典型工作任务；作业过程中是否具备规范操作意识、安全文明生产意识，是否具备扎实的工作态度；是否具备较强的逻辑思维能力和推理能力；能否胜任汽车机电维修、汽车维修顾问等岗位工作任务。本技能考核标准从学生、课程、专业三个层面实现精准评价、技能提升等考核目标。

1. 学生层面

实现精准评价：建立技能考核标准，可以科学合理地对学生专业知识、技能水平及职业素养进行检验，对学生的操作技能、理论层面知识的掌握程度进行较客观、全面和有效的评价。

实现技能提升：对学生的专业知识、技能及素养进行综合评价，是评价专业教学目标是否达成的重要根据。技能抽考标准的建立对学生职业能力标准构建的研究有一定推动作用，专业技能的抽考结果能够为院校下一步教学投资提供指导意见，还能够促进学校重视实践教学与专业技能培训，有利于促进高素质高技能人才的培养。

2. 课程层面

促进课程建设：技能考核标准是在课程标准的基础上制订的，技能任务的教授也是以课程作为载体来完成的，它可以直接反映课程教学目标是否达成，教学方式、方法及教学内容是否需要进行调整，因此考核标准的制订能促进课程的建设。

3. 专业层面

提升就业品质：技能考核标准编制前期对企业进行充分调研，邀请行业企业专家进行认证，试题均来自企业典型工作任务，实现企业培训与教育的衔接，为专业人才培养方案的修订和课程体系构建与动态调整提供参考依据，使学生了解工作岗位所需知识和能力，掌握课程知识和工作技能，明确学习目标和任务，为今后就业打下良好的基础。

三、考核内容

1. 总体概述

汽车检测与维修技术专业技能考核题库以专业人才培养方案为指导，结合国家职业标准、各类大赛竞赛标准、1+X 证书制度以及合作品牌的企业标准，经过企业调研提炼典型工作任务，继而构建能力模型，再邀请行业企业专家论证生成题库，在教学班级中抽取学生进行试考来验证题目设计是否科学、是否可操作，评分细则是否全面、检测点是否可视。在构建能力模型及生成题库两个环节都进行闭环控制，做到有反馈就有改进，具体设计思路如图 1 所示。

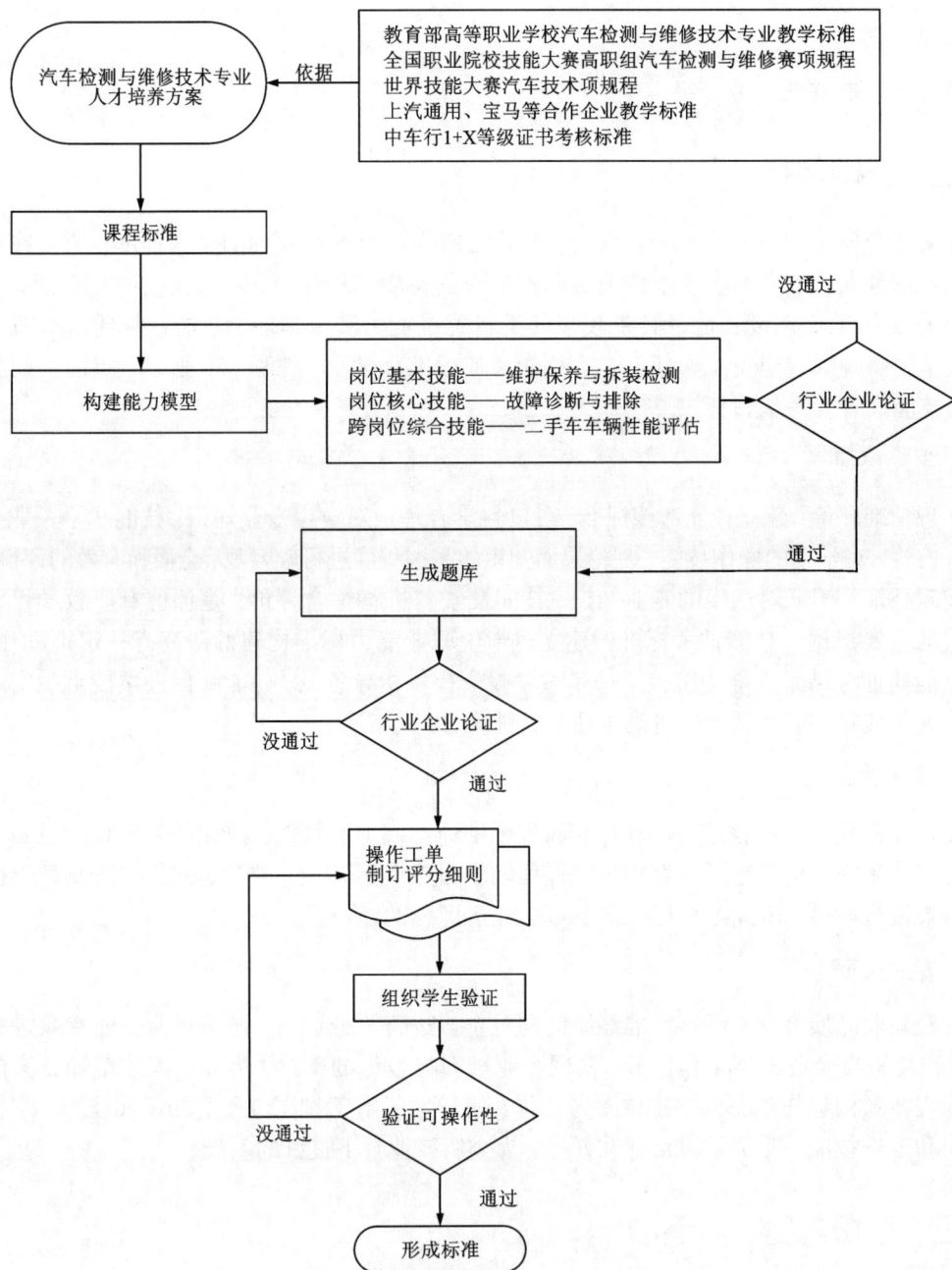

图1 技能考核内容设计思路

2. 将典型工作任务与知识、技能及素养建立关系

将典型工作任务划分成岗位基本能力、岗位核心能力和跨岗位综合能力三大模块。岗位基本能力模块主要对学生汽车基本维护保养能力、汽车零部件拆装与检测能力进行考核；岗位核心能力主要考核学生对汽车综合故障诊断与排除的能力；跨岗位综合能力主要考核学生是否能对车辆性能进行评估，是否具备二手车鉴定评估的基本技能。本标准覆盖专业核心技术技能要求，难易适当，综合性强，可以对学生的专业技能以及在实际操作过程中所表现出来的职业素养进行综合评价。

以汽车机电维修、汽车维修顾问等岗位为支撑提炼典型工作任务，将典型工作任务与知识点、技能点及素养三者之间建立关系，具体见表1。

表1 典型工作任务与知识点、技能点、素养关系矩阵表

考核点	具体名称	典型工作任务						
		1万km保养	4万km保养	发动机大修	底盘大修	车身电气设备检修	汽车故障诊断	二手车性能评估
知识点	润滑系结构及原理	●		●			●	●
	冷却系结构及原理	●	●	●			●	●
	起动系结构及原理		●	●		●	●	●
	点火系结构及原理		●	●		●	●	●
	燃油供给系结构及原理		●	●		●	●	●
	配气机构结构及原理			●			●	●
	进排气系统结构及原理	●	●	●			●	●
	曲柄连杆机构结构及原理	●		●			●	●
	发动机控制系统结构及原理	●		●			●	●
	传动系结构及原理	●			●		●	●
	行驶系结构及原理	●			●		●	●
	制动系结构及原理	●	●		●		●	●
	转向系结构及原理	●			●		●	●
	底盘控制系统结构及原理	●			●		●	
	电气设备结构及原理	●	●			●	●	●

续表1

考核点	具体名称	典型工作任务						
		1万km保养	4万km保养	发动机大修	底盘大修	车身电气设备检修	汽车故障诊断	二手车性能评估
技能点	举升机的使用	▲	▲	▲	▲	▲	▲	▲
	常用工具的使用	▲	▲	▲	▲	▲	▲	▲
	解码器的使用	▲	▲	▲	▲	▲	▲	▲
	示波器的使用			▲	▲	▲	▲	
	数字万用表的使用	▲	▲	▲		▲	▲	▲
	常用量具的使用	▲	▲	▲		▲	▲	▲
	发动机零部件的拆装		▲	▲			▲	
	底盘零部件的拆装				▲		▲	
	电气设备的拆装					▲	▲	
	发动机零部件的检测			▲	▲		▲	
	底盘零部件的检测				▲		▲	
	电气设备的检测					▲	▲	
	CAN总线的诊断						▲	
素养要求	安全文明生产	◆	◆	◆	◆	◆	◆	◆
	吃苦耐劳	◆	◆	◆	◆	◆	◆	◆
	逻辑思维能力	◆	◆	◆	◆	◆	◆	◆
	环保意识	◆	◆	◆	◆	◆	◆	◆
	工匠精神	◆	◆	◆	◆	◆	◆	◆
	职业道德	◆	◆	◆	◆	◆	◆	◆

备注：●代表需掌握的知识点；▲代表需达到的技能点；◆代表需具备的素养要求。

3. 融入新标准

将世界技能大赛汽车技术赛项《发动机管理模块》《车身电气模块》等标准、高职组汽车检测与维修赛项标准和1+X证书考核标准进行有机融入。具体体现为项目选取上充分融入1+X证书考核项目，题量向1+X证书的《汽车动力驱动电机电池技术》《汽车电子电气空调舒适技术》模块倾斜；编制试题评分标准和操作工单时将技能竞赛标准进行糅合，提高对学生的技能考核标准。

4. 应用新材料

制订考核细则时关注企业在维护保养过程中用到的新材料，如进气系统的保养，用时下最新的清洗材料替换了原来传统的化油器清洗剂，一举两得，既与时代接轨又树立了学生的环保意识。

5.突出规范性

考题对应的评分标准和操作工单为维修资料的查阅、规范操作进行配分，主要考查学生操作的规范性。

6.考核内容科学合理，可操作性强

体现向重点岗位、核心岗位的关键技能、核心素养倾斜原则，共确定50道试题，各模块下对应试题均以企业典型工作任务呈现，体现专业的行业特色，从知识、能力及素质三个方面对学生进行可度量、可验证、可视化的精细化考评。在初步确定试题后，组织学生进行验证测试，客观、准确地确定每道试题测试时长、考核内容的科学性及可操作性，具体考核内容见表2。

表2　考核内容

模块名称	项目名称	试题编号	测试的能力与素质	试题难易程度		
				较难	中等	较易
岗位基本技能	汽车维护	J01-01 机油与机油滤清器的更换	1.能进行维修手册的查阅 2.能进行机油的排放与更换，能进行机油滤芯的更换，能进行机油复位操作，按规定流程和方法进行维护保养 3.作业后清洁工具、工作台、场地，注重安全与文明生产 4.按要求填写工单，记录值准确			√
		J01-02 车轮的拆装与检测	1.能掌握花纹深度尺及轮胎气压表的使用 2.能依据检测数据进行轮胎换位或更换操作，能进行轮胎动平衡检测，按规定流程和方法进行维护保养 3.作业后清洁工具、工作台、场地，注重安全与文明生产 4.按要求填写工单，记录值准确			√
		J01-03 进气系统保养	1.能进行空气滤芯的检查与更换 2.能掌握节气门体的拆卸与安装操作，能进行节气门体的清洗，能进行节气门开度的复位操作，按规定流程和方法进行维护保养 3.作业后清洁工具、工作台、场地，注重安全与文明生产 4.按要求填写工单，记录值准确			√

续表 2

模块名称	项目名称	试题编号	测试的能力与素质	试题难易程度		
				较难	中等	较易
岗位基本技能	汽车维护	J01-04 火花塞的拆装与检查	1. 能进行维修手册的查阅 2. 能进行火花塞间隙的检测，能进行火花塞的更换操作，按规定流程和方法进行维护保养 3. 作业后清洁工具、工作台、场地，注重安全与文明生产 4. 按要求填写工单，记录值准确			√
		J01-05 冷却液的检查与更换	1. 能掌握冰点测试仪的使用，能进行防冻液的更换操作 2. 能进行冷却系统的排气操作，按规定流程和方法进行维护保养 3. 作业后清洁工具、工作台、场地，注重安全与文明生产 4. 按要求填写工单，记录值准确			√
		J01-06 制动系统的保养	1. 能进行维修手册的查阅 2. 能掌握制动液的更换，能进行制动系统的排气操作 3. 能掌握制动片的拆卸与安装，能使用活塞复位专用工具，能进行制动片的厚度检查，按规定流程和方法进行维护保养 4. 作业后清洁工具、工作台、场地，注重安全与文明生产 5. 按要求填写工单，记录值准确		√	
		J01-07 自动变速器油的更换	1. 能进行维修手册的查阅 2. 能使用故障诊断仪读取变速器油温，能检查自动变速器油质，能进行变速器油的更换操作，会检查加注油位，按规定流程和方法进行维护保养 3. 作业后清洁工具、工作台、场地，注重安全与文明生产 4. 按要求填写工单，记录值准确		√	
		J01-08 车辆底盘部件检查	1. 能进行维修手册的查阅 2. 能进行轮胎的检查、转向及悬挂部件的检查，能掌握轮胎气压表的使用方法，掌握轮胎花纹深度尺的使用，按规定值调整各螺栓力矩，按规定流程和方法进行维护保养 3. 作业后清洁工具、工作台、场地，注重安全与文明生产 4. 按要求填写工单，记录值准确		√	

续表 2

模块名称	项目名称	试题编号	测试的能力与素质	试题难易程度		
				较难	中等	较易
岗位基本技能	汽车维护	J01-09 空调系统的保养	1. 能进行维修手册的查阅 2. 能使用表组进行冷媒的加注操作，能使用 AC35 进行冷媒的回收与加注操作 3. 能使用卤素检漏仪进行空调系统的泄漏检查，按规定流程和方法进行维护保养 4. 作业后清洁工具、工作台、场地，注重安全与文明生产 5. 按要求填写工单，记录值准确			√
岗位基本技能	发动机零部件拆装与检测	J02-01 活塞连杆组的拆装与检测	1. 能进行维修手册的查阅 2. 掌握活塞连杆组的规范拆装，掌握端隙、背隙的测量，按规定流程和方法进行拆装与检测 3. 作业后清洁工具、工作台、场地，注重安全与文明生产 4. 按要求填写工单，记录值准确			√
		J02-02 气缸盖拆装与检测	1. 能进行维修手册的查阅 2. 掌握气缸盖的拆装，掌握气缸盖平面度的检测，按规定流程和方法进行拆装与检测 3. 作业后清洁工具、工作台、场地，注重安全与文明生产 4. 按要求填写工单，记录值准确			√
		J02-03 气缸磨损检测	1. 能进行维修手册的查阅 2. 掌握气缸磨损规律，掌握气缸磨损量的检测，能对测量数据进行分析判断，按规定流程和方法进行拆装与检测 3. 作业后清洁工具、工作台、场地，注重安全与文明生产 4. 按要求填写工单，记录值准确		√	
		J02-04 曲轴拆装与检测	1. 能进行维修手册的查阅 2. 掌握曲轴的拆装，掌握曲轴轴向间隙与径向间隙的检测，能测量曲轴轴颈，测量主轴承盖间隙 3. 能对测量数据进行分析判断，按规定流程和方法进行拆装与检测 4. 作业后清洁工具、工作台、场地，注重安全与文明生产 5. 按要求填写工单，记录值准确		√	

续表 2

模块名称	项目名称	试题编号	测试的能力与素质	试题难易程度		
				较难	中等	较易
岗位基本技能	发动机零部件拆装与检测	J02-05 气门机构拆装与检测	1. 能进行维修手册的查阅 2. 掌握进、排气门头部的直径测量，掌握进、排气门锥面上的接触面宽度的测量 3. 气缸盖上该组进、排气门座的接触面宽度测量，进、排气门对气门座的同心度检查，气门锥面上与气门座接触面的位置检查，按规定流程和方法进行拆装与检测 4. 作业后清洁工具、工作台、场地，注重安全与文明生产 5. 按要求填写工单，记录值准确		√	
		J02-06 气门间隙的检测与调整	1. 能进行维修手册的查阅 2. 能检测气门间隙，能根据作业表提供的实际厚度值计算新挺杆厚度，能对测量数据进行计算和确定维修方案，按规定流程和方法进行拆装与检测 3. 作业后清洁工具、工作台、场地，注重安全与文明生产 4. 按要求填写工单，记录值准确		√	
		J02-07 配气正时机构拆装与检查(皮带)	1. 能进行维修手册的查阅 2. 掌握空气滤清器总成的拆卸与安装，掌握正时皮带前上盖的拆卸与安装，掌握前舱防溅罩的拆卸与安装，掌握传动皮带张紧器的拆卸与安装，掌握曲轴平衡器的拆卸与安装，掌握正时皮带下盖的拆卸与安装，掌握正时皮带的拆卸与更换，按规定流程和方法进行拆装与检测 3. 作业后清洁工具、工作台、场地，注重安全与文明生产 4. 按要求填写工单，记录值准确		√	
		J02-08 配气正时机构拆装、测量与检查(链条)	1. 能进行维修手册的查阅 2. 掌握曲轴皮带盘的拆卸与安装，掌握正时链盖及链条张紧器的拆卸与安装，掌握正时链条分总成的拆卸与安装，能对正时链条分总成、进气凸轮轴正时齿轮和曲轴正时齿轮的磨损状态进行检查，能检查进气凸轮轴正时齿轮总成(VVT-i)动作状态，按规定流程和方法进行拆装与检测 3. 作业后清洁工具、工作台、场地，注重安全与文明生产 4. 按要求填写工单，记录值准确		√	

续表2

模块名称	项目名称	试题编号	测试的能力与素质	试题难易程度		
				较难	中等	较易
岗位基本技能	发动机零部件拆装与检测	J02-09 气缸压缩压力检测	1. 能进行维修手册的查阅 2. 掌握点火线圈拆卸与安装，掌握火花塞拆卸与安装，能检查气缸压缩压力，按规定流程和方法进行拆装与检测 3. 作业后清洁工具、工作台、场地，注重安全与文明生产 4. 按要求填写工单，记录值准确			√
		J02-10 燃油压力检测	1. 能进行维修手册的查阅 2. 能进行燃油压力检测，能对测量数据进行分析判断，按规定流程和方法进行拆装与检测 3. 作业后清洁工具、工作台、场地，注重安全与文明生产 4. 按要求填写工单，记录值准确			√
		J02-11 水温传感器的检测	1. 能进行维修手册的查阅 2. 能检测水温传感器性能 3. 能使用万用表对传感器线束进行检测，能使用诊断仪进行数据流读取分析，按规定流程和方法进行拆装与检测 4. 作业后清洁工具、工作台、场地，注重安全与文明生产 5. 按要求填写工单，记录值准确			√
		J02-12 节气门体总成的检测	1. 能进行维修手册的查阅 2. 能对节气门体进行拆装，能检测节气门位置传感器性能，能使用万用表对传感器线束进行检测，能使用诊断仪进行数据流读取分析，按规定流程和方法进行拆装与检测 3. 作业后清洁工具、工作台、场地，注重安全与文明生产 4. 按要求填写工单，记录值准确		√	
		J02-13 凸轮轴位置传感器的检测	1. 能进行维修手册的查阅 2. 能检测凸轮轴位置传感器性能，能使用万用表对传感器线束进行检测，能使用示波器读取波形，能使用诊断仪进行数据流读取分析，按规定流程和方法进行拆装与检测 3. 作业后清洁工具、工作台、场地，注重安全与文明生产 4. 按要求填写工单，记录值准确		√	

续表 2

模块名称	项目名称	试题编号	测试的能力与素质	试题难易程度		
				较难	中等	较易
岗位基本技能	发动机零部件拆装与检测	J02-14 进气歧管绝对压力传感器的检测	1. 能进行维修手册的查阅 2. 能检测进气歧管绝对压力传感器性能，能使用万用表对传感器线束进行检测，能使用诊断仪进行数据流读取分析，按规定流程和方法进行拆装与检测 3. 作业后清洁工具、工作台、场地，注重安全与文明生产 4. 按要求填写工单，记录值准确		√	
		J02-15 四线式加热型氧传感器的检测	1. 能进行维修手册的查阅， 2. 能检测加热型氧传感器性能，能使用万用表对传感器线束进行检测，能使用示波器读取波形，能使用诊断仪进行数据流读取分析，按规定流程和方法进行拆装与检测 3. 作业后清洁工具、工作台、场地，注重安全与文明生产 4. 按要求填写工单，记录值准确		√	
		J02-16 热线、热膜式空气流量计的检测	1. 能进行维修手册的查阅 2. 能绘制空气流量计电路原理图，并在图中标注出线路名称、颜色、截面积、端子号 3. 能对空气流量计进行外观检查 4. 能使用诊断仪对空气流量计数据流进行读取 5. 能对空气流量计进行在路信号电压测量 6. 能对空气流量计进行开路测量 7. 作业后清洁工具、工作台、场地，注重安全与文明生产 8. 按要求填写工单，记录值准确		√	
		J02-17 独立式点火线圈的检测	1. 能进行维修手册的查阅 2. 能检测点火线圈性能，能使用万用表对线束进行检测，能使用示波器读取波形，使用诊断仪进行数据流读取分析，按规定流程和方法进行拆装与检测 3. 作业后清洁工具、工作台、场地，注重安全与文明生产 4. 按要求填写工单，记录值准确		√	

续表2

模块名称	项目名称	试题编号	测试的能力与素质	试题难易程度		
				较难	中等	较易
岗位基本技能	发动机零部件拆装与检测	J02-18 曲轴位置传感器的检测	1. 能进行维修手册的查阅 2. 能检测曲轴位置传感器性能，能使用万用表对传感器线束进行检测，能使用示波器读取波形，能使用诊断仪进行数据流读取分析，按规定流程和方法进行拆装与检测 3. 作业后清洁工具、工作台、场地，注重安全与文明生产 4. 按要求填写工单，记录值准确		√	
岗位基本技能	底盘零部件拆装与检测	J03-01 减震器的拆装与检查	1. 能进行维修手册的查阅 2. 能掌握减震器的规范检查方法，能正确使用专用工具，能掌握减震器的拆卸与安装，按规定流程和方法进行拆装与检测 3. 作业后清洁工具、工作台、场地，注重安全与文明生产 4. 按要求填写工单，记录值准确		√	
		J03-02 自动变速器电磁阀检测	1. 能熟练地查阅维修资料 2. 能进行自动变速器油底壳及电磁阀的拆装，能对自动变速器的换挡电磁阀和油压调节电磁阀进行检测，正确使用工量具和仪器设备，准确测量技术参数和判断故障点，正确记录作业过程和测试数据，按规定流程和方法进行拆装与检测 3. 作业后清洁工具、工作台、场地，注重安全与文明生产 4. 按要求填写工单，记录值准确		√	
		J03-03 盘式制动器的拆装与检测	1. 能进行维修手册的查阅 2. 能对盘式制动器进行拆装与检测，能对制动盘表面情况进行检查，能对轮缸泄漏及防护罩老化情况等进行检查，能对制动盘厚度和圆跳动进行检测，能对摩擦片磨损量进行检测，并能根据检测结果做出正确的维修结论，按规定流程和方法进行拆装与检测 3. 作业后清洁工具、工作台、场地，注重安全与文明生产 4. 按要求填写工单，记录值准确		√	

续表 2

模块名称	项目名称	试题编号	测试的能力与素质	试题难易程度		
				较难	中等	较易
岗位基本技能	底盘零部件拆装与检测	J03-04 更换麦弗逊悬架下摆臂总成	1. 能进行维修手册的查阅 2. 能完成麦弗逊悬架下摆臂及球节总成的更换,正确掌握下摆臂及球节总成拆装流程、总成零部件的检查 3. 作业后清洁工具、工作台、场地,注重安全与文明生产 4. 按要求填写工单,记录值准确	√		
		J03-05 膜片式离合器总成的拆装与检测	1. 能进行维修手册的查阅 2. 能正确拆卸和安装离合器总成,并对已经拆下来的离合器总成进行检测,检查离合器盖、从动盘、扭转减震器的变形和磨损,检测压盘、膜片弹簧、从动盘的磨损和工作情况,能根据检测结果做出正确的维修结论,按规定流程和方法进行拆装与检测 3. 作业后清洁工具、工作台、场地,注重安全与文明生产 4. 按要求填写工单,记录值准确		√	
岗位基本技能	电气设备零部件拆装与检测	J04-01 雨刮器总成拆装与检测	1. 能进行车窗雨刮片的拆卸与安装 2. 能检查与调整喷水器位置,能进行雨刮器电机的检测,按规定流程和方法进行拆装与检测 3. 作业后清洁工具、工作台、场地,注重安全与文明生产 4. 按要求填写工单,记录值准确		√	
		J04-02 起动机拆装检测与连线测试	1. 能进行维修手册的查阅 2. 能识别起动机端子号,能进行起动机的分解与组装,会进行起动机的测量 3. 能完成起动机的更换,按规定流程和方法进行拆装与检测,能进行起动机的连续检测 4. 作业后清洁工具、工作台、场地,注重安全与文明生产 5. 按要求填写工单,记录值准确		√	
		J04-03 蓄电池性能检测与寄生电流测试	1. 能进行蓄电池各项技术参数的识别 2. 能掌握蓄电池检测仪的使用方法,会进行蓄电池的拆卸与安装 3. 能进行车辆功能的设置与复位,按规定流程和方法进行拆装与检测 4. 作业后清洁工具、工作台、场地,注重安全与文明生产 5. 按要求填写工单,记录值准确		√	

续表 2

模块名称	项目名称	试题编号	测试的能力与素质	试题难易程度		
				较难	中等	较易
岗位核心技能	汽车综合故障诊断	J05-01 自动变速器故障指示灯常亮的故障诊断与排除	1. 能进行维修手册的查阅 2. 能进行自动变速器故障的验证，能读取故障码与数据流，能判断故障范围，能进行基本检查，能进行部件与电路的测量，能查找故障点并进行修复 3. 能绘制电路图与波形图，能正确使用工具和仪器设备 4. 按规定流程和方法进行故障诊断与检测 5. 作业后清洁工具、工作台、场地，注重安全与文明生产 6. 按要求填写工单，记录值准确	√		
		J05-02 ABS故障灯常亮的故障诊断与排除	1. 能进行维修手册的查阅 2. 能进行 ABS 制动系统故障的验证，能读取故障码与数据流，能判断故障范围，能进行基本检查，能进行部件与电路的测量，能查找故障点并进行修复 3. 能绘制电路图与波形图，能正确使用工具和仪器设备，按规定流程和方法进行故障诊断与检测 4. 作业后清洁工具、工作台、场地，注重安全与文明生产 5. 按要求填写工单，记录值准确	√		
		J05-03 电动转向系统故障灯常亮的故障诊断与排除	1. 能进行维修手册的查阅 2. 能进行电动转向系统故障的验证，能读取故障码与数据流，能判断故障范围，能进行基本检查，能进行部件与电路的测量，能查找故障点并进行修复 3. 能绘制电路图与波形图，能正确使用工具和仪器设备，按规定流程和方法进行故障诊断与检测 4. 作业后清洁工具、工作台、场地，注重安全与文明生产 5. 按要求填写工单，记录值准确	√		
		J05-04 单缸缺火的故障诊断与排除	1. 能进行维修手册的查阅 2. 能进行点火系统故障的验证，能读取故障码与数据流，能判断故障范围，能进行基本检查，能进行部件与电路的测量，能查找故障点并进行修复 3. 能绘制电路图与波形图，能正确使用工具和仪器设备，按规定流程和方法进行故障诊断与检测 4. 作业后清洁工具、工作台、场地，注重安全与文明生产 5. 按要求填写工单，记录值准确	√		

续表 2

模块名称	项目名称	试题编号	测试的能力与素质	试题难易程度		
				较难	中等	较易
岗位核心技能	汽车综合故障诊断	J05-05 发动机失去通信的故障诊断与排除	1. 能进行维修手册的查阅 2. 能进行发动机通信故障的验证,能读取故障码与数据流,能判断故障范围,能进行基本检查,能进行部件与电路的测量,能查找故障点并进行修复 3. 能绘制电路图与波形图,能正确使用工具和仪器设备,按规定流程和方法进行故障诊断与检测 4. 作业后清洁工具、工作台、场地,注重安全与文明生产 5. 按要求填写工单,记录值准确	√		
		J05-06 空调压缩机不工作的故障诊断与排除	1. 能进行维修手册的查阅 2. 能进行空调压缩机故障的验证,能读取故障码与数据流,能判断故障范围,能进行基本检查,能进行部件与电路的测量,能查找故障点并进行修复 3. 能绘制电路图,能正确使用工具和仪器设备,按规定流程和方法进行故障诊断与检测 4. 作业后清洁工具、工作台、场地,注重安全与文明生产 5. 按要求填写工单,记录值准确	√		
		J05-07 驾驶员侧电动车窗不工作的故障诊断与排除	1. 能进行维修手册的查阅 2. 能进行电动车窗故障的验证,能读取故障码与数据流,能判断故障范围,能进行基本检查,能进行部件与电路的测量,能查找故障点并进行修复 3. 能绘制电路图,能正确使用工具和仪器设备,按规定流程和方法进行故障诊断与检测 4. 作业后清洁工具、工作台、场地,注重安全与文明生产 5. 按要求填写工单,记录值准确	√		
		J05-08 燃油供给系统不工作的故障诊断与排除	1. 能进行维修手册的查阅 2. 能进行燃油供给系统故障的验证,能读取故障码与数据流,能判断故障范围,能进行基本检查,能进行部件与电路的测量,能查找故障点并进行修复 3. 能绘制电路图,能正确使用工具和仪器设备,按规定流程和方法进行故障诊断与检测 4. 作业后清洁工具、工作台、场地,注重安全与文明生产 5. 按要求填写工单,记录值准确	√		

续表2

模块名称	项目名称	试题编号	测试的能力与素质	试题难易程度		
				较难	中等	较易
岗位核心技能	汽车综合故障诊断	J05-09 起动机不工作的故障诊断与排除	1. 能进行维修手册的查阅 2. 能进行起动机故障的验证，能读取故障码与数据流，能判断故障范围，能进行基本检查，能进行部件与电路的测量，能查找故障点并进行修复 3. 能绘制电路图，能正确使用工具和仪器设备，按规定流程和方法进行故障诊断与检测 4. 作业后清洁工具、工作台、场地，注重安全与文明生产 5. 按要求填写工单，记录值准确	√		
		J05-10 前照灯不亮的故障诊断与排除	1. 能进行维修手册的查阅 2. 能进行前照灯故障的验证，能读取故障码与数据流，能判断故障范围，能进行基本检查，能进行部件与电路的测量，能查找故障点并进行修复 3. 能绘制电路图，能正确使用工具和仪器设备，按规定流程和方法进行故障诊断与检测 4. 作业后清洁工具、工作台、场地，注重安全与文明生产 5. 按要求填写工单，记录值准确	√		
跨岗位综合技能	汽车性能检测	J06-01 车辆PDI检查	1. 能进行车辆外观漆面、车辆内饰、附件缺失的检查 2. 能正确填写车辆预检单，按规定流程和方法进行PDI检查 3. 作业后清洁工具、工作台、场地，注重安全与文明生产 4. 按要求填写工单，记录值准确		√	
		J06-02 尾气检测与分析	1. 能正确使用尾气分析仪 2. 能根据测量数据进行分析判断 3. 作业后清洁工具、工作台、场地，注重安全与文明生产 4. 按要求填写工单，记录值准确		√	
		J06-03 故障诊断仪的使用	1. 能掌握故障诊断仪故障码的读取方法 2. 能掌握故障诊断仪读取数据流的方法 3. 能掌握故障诊断仪动作测试的操作方法 4. 作业后清洁工具、工作台、场地，注重安全与文明生产 5. 按要求填写工单，记录值准确			√

续表 2

模块名称	项目名称	试题编号	测试的能力与素质	试题难易程度		
				较难	中等	较易
跨岗位综合技能	汽车性能检测	J06-04 车轮定位参数检测与车轮前束值调整	1. 能进行维修手册的查阅 2. 在四轮定位检测仪上，对车辆进行车轮的定位参数检测 3. 对前轮前束参数进行调整，能根据检测结果做出正确的维修 4. 作业后清洁工具、工作台、场地，注重安全与文明生产 5. 按要求填写工单，记录值准确	√		
		J06-05 空调系统性能检测	1. 能进行维修手册的查阅 2. 能使用空调制冷剂纯度鉴别仪 3. 能使用空调诊断仪 4. 能使用空调卤素检漏仪 5. 能绘制湿焓图 6. 作业后清洁工具、工作台、场地，注重安全与文明生产 7. 按要求填写工单，记录值准确		√	

四、评价标准

汽车检测与维修技术专业技能考核，以 100 分制记分，其中素质考核项中安全事故为否决项，即一旦出现安全事故，该项技能考核成绩直接为零分。为了减少主观因素扣分导致的误差，考核细则中单次最大扣分不能大于 5 分，分步骤或项目配分不出现负分。各模块评价标准详见表 3–表 8。

表 3　模块一：汽车维护评价标准

项目	分值比例/%	评分标准
作业流程、工艺	65	1. 熟练地查阅维修资料 2. 作业流程顺畅，拆装、维护工艺合理有效 3. 作业项目齐全，操作规范、到位 4. 测量、检测、诊断结果正确
设备、工具使用	10	设备、工具、量具选择和使用正确，操作熟练
维修工单和记录表填写	20	填写完整、清晰、正确
安全和 5S 规范	5	1. 符合安全操作规程 2. 工具、零件、车辆等无碰撞 3. 车辆、零件无损伤，人员安全无工伤 4. 遵守 5S 要求，工具、量具、设备及时清洁、归位 5. 液体撒漏及时清洁 6. 废弃物分类存放等 7. 出现安全事故为否决项，该项技能考核成绩直接记零分
合计	100	

表 4　模块二：发动机零部件拆装与检测评价标准

项目	分值比例/%	评分标准
作业流程、工艺	65	1.融入了 1+X 项目，要求熟练地查阅维修资料 2.作业流程顺畅，拆装、检测工艺合理有效 3.绘制的电路图或波形图正确 4.电路检测方法正确，检测项目齐全，操作规范、到位 5.测量、检测、诊断结果正确，并能根据相关检测数据做出正确判断
设备、工具使用	10	设备、工具、量具选择和使用正确，操作熟练
维修工单和记录表填写	20	填写完整、清晰、正确
安全和 5S 规范	5	1.符合安全操作规程 2.工具、零件、车辆等无碰撞 3.车辆零件无损伤，人员安全无工伤 4.遵守 5S 要求，工具、量具、设备及时清洁、归位 5.液体撒漏及时清洁 6.废弃物分类存放等 7.出现安全事故为否决项，该项技能考核成绩直接记零分
合计	100	

表 5　模块三：底盘零部件拆装与检测评价标准

项目	分值比例/%	评分标准
作业流程、工艺	65	1.熟练地查阅维修资料 2.作业流程顺畅，拆装、检测工艺合理有效 3.作业项目齐全，操作规范、到位 4.测量、检测、诊断结果正确，并能根据相关检测数据做出正确判断
设备、工具使用	10	设备、工具、量具选择和使用正确，操作熟练
维修工单和记录表填写	20	填写完整、清晰、正确
安全和 5S 规范	5	1.符合安全操作规程 2.工具、零件、车辆等无碰撞 3.车辆、零件无损伤，人员安全无工伤 4.遵守 5S 要求，工具、量具、设备及时清洁、归位 5.液体撒漏及时清洁 6.废弃物分类存放等 7.出现安全事故为否决项，该项技能考核成绩直接记零分
合计	100	

表6 模块四：电气设备零部件拆装与检测评价标准

项目	分值比例/%	评分标准
作业流程、工艺	65	1. 融入了 1+X 项目，要求学生能够熟练查阅维修资料 2. 作业流程顺畅，拆装、检测工艺合理有效 3. 作业项目齐全，操作规范、到位 4. 测量、检测、诊断结果正确，并能根据相关检测数据做出正确判断
设备、工具使用	10	设备、工具、量具选择和使用正确，操作熟练
维修工单和记录表填写	20	填写完整、清晰、正确
安全和5S规范	5	1. 符合安全操作规程 2. 工具、零件、车辆等无碰撞 3. 车辆、零件无损伤，人员安全无工伤 4. 遵守 5S 要求，工具、量具、设备及时清洁、归位 5. 液体撒漏及时清洁 6. 废弃物分类存放等 7. 出现安全事故为否决项，该项技能考核成绩直接记零分
合计	100	

表7 模块五：汽车综合故障诊断评价标准

项目	分值比例/%	评分标准
作业流程、工艺	65	1. 将世界技能大赛发动机管理模块、车身电气模块及高职汽车检测与维修大赛考核标准融入评分细则中，要求学生能熟练查阅维修资料 2. 诊断流程顺畅，正确绘制电路图与波形图 3. 诊断思路清晰，故障排除准确 4. 作业项目齐全，操作规范、到位 5. 测量、检测、诊断结果正确，并能根据相关检测数据做出正确判断 6. 能正确判断故障部位并进行排除
设备、工具使用	10	设备、工具、量具选择和使用正确，操作熟练
维修工单和记录表填写	20	填写完整、清晰、正确

续表7

项目	分值比例/%	评分标准
安全和5S规范	5	1. 符合安全操作规程 2. 工具、零件、车辆等无碰撞 3. 车辆、零件无损伤，人员安全无工伤 4. 遵守5S要求，工具、量具、设备及时清洁、归位 5. 液体撒漏及时清洁 6. 废弃物分类存放等 7. 出现安全事故为否决项，该项技能考核成绩直接记零分
合计	100	

表8 模块六：汽车性能检测评价标准

项目	分值比例/%	评分标准
作业流程、工艺	65	1. 熟练地查阅维修资料 2. 作业流程顺畅，汽车性能检测工艺合理有效 3. 作业项目齐全，操作规范、到位 4. 测量、检测、诊断结果正确，并能根据相关检测数据做出正确判断 5. 能对车辆性能进行正确评价
设备、工具使用	10	设备、工具、量具选择和使用正确，操作熟练
维修工单和记录表填写	20	填写完整、清晰、正确
安全和5S规范	5	1. 符合安全操作规程 2. 工具、零件、车辆等无碰撞 3. 车辆、零件无损伤，人员安全无工伤 4. 遵守5S要求，工具、量具、设备及时清洁、归位 5. 液体撒漏及时清洁 6. 废弃物分类存放等 7. 出现安全事故为否决项，该项技能考核成绩直接记零分
合计	100	

五、组考方式

1. 考核方式和内容

（1）现场实操考试；

（2）考核内容包括知识点、技能点和职业素养三个方面。

2. 考题的生成

各模块抽取试题比例如下：

(1)岗位基本技能占70%，分4个模块，从维护保养、发动机零部件拆装与检测、底盘零部件拆装与检测、电气设备零部件拆装与检测中各抽1个项目进入试题库；

(2)岗位核心技能占20%，1个模块，从10个项目中抽1个项目进入试题库；

(3)跨岗位综合技能占10%，1个模块，从5个项目中抽取1个项目进入试题库；

(4)由上级教育主管部门从6个模块中抽取6道试题组成试题库，试题覆盖专业基本技能、专业核心技能与跨岗位综合技能。

3. 考试学生的确定

在本专业全日制三年制、五年制注册在籍学生中随机抽取，具体参考比例由省派专家组在考试现场确定。

4. 考试工位的确定

为保证考试的公平公正，考生名单确定之后，在考试现场由考生本人抽取考试工位号。

第二篇
考核题库

J01-01　机油与机油滤清器的更换

1.任务描述

（1）任务内容

在行驶一定的里程后，机油必须更换，请你按照维修手册的维护标准和要求制订出正确的实施计划；选择正确的工具、设备对汽车进行机油与机油滤清器的更换。

（2）任务要求

①严格按照维修手册的要求；

②完成操作工单并记录好相关的测量数值；

③操作时工具、量具摆放规范整齐，符合企业基本的 6S（整理、整顿、清扫、清洁、素养、安全）管理要求，及时清扫杂物、保持工作台面清洁；

④具有良好的职业素养，符合企业基本的质量常识和管理要求。

2.实施条件

（1）工位要求

①每个工位要求场地在 15～20 m²，并配置举升设备和灭火装置，电鼓、气鼓、LED 照明灯；

②每个工位配有 1 m×0.6 m 的工作台；

③每个工位准备三个回收不同类型废料的垃圾桶；

④场地应整洁、卫生、明亮、通风良好，禁止明火和吸烟。

（2）工具仪器设备清单

序号	名称	型号规格	数量	备注
1	考试用车		1 辆	
2	工具套装（150 件）	世达	1 套	
3	数字式扭力扳手	0～100 N·m	1 把	
4	指针式扭力扳手	0～300 N·m	1 把	
5	机油滤清器扳手		1 把	
6	手电筒		1 个	

（3）辅助材料清单

序号	名称	数量	备注
1	抹布	若干	
2	环保型清洗剂	1瓶	
3	机油	5 L	
4	车内防护套装	1套	
5	车外防护套装	1套	
6	机油滤清器	6个	
7	放油螺栓	6个	
8	手套	1副	

3.考核时量

考核时限：40分钟。

4.评分细则

机油与机油滤清器的更换评分标准

评分项目	主要评分点	分值说明	分值	得分	评分记录
健康与安全	作业准备	□着装符合要求 □安装车辆防护 □安装车轮挡块	3		
	安全操作	□启动车辆时报告评委 □举升机的正确、安全使用 □按规定力矩进行紧固 □工具的合理正确使用 □进行机油和冷却液液位检查后再启动发动机	10		
	5S规范	□仪器、工具、零件没有跌落或摆放凌乱 □每次使用完成后，工具设备合理归位，主要包括设备和工具没有随手放在发动机舱或地面等不合适的位置、设备使用完毕后关闭电源 □恢复工位到原标准工位布置状态 □废弃物及时清理、处理妥当	4		

续上表

评分项目	主要评分点	分值说明	分值	得分	评分记录
作业流程	车辆暖车	□安装尾排通风管 □启动发动机，预热至正常工作温度	8		
	排放机油	□打开机油加注口盖 □检查油底壳是否漏油 □检查排放螺栓是否漏油 □检查机油滤清器是否漏油 □拆卸排放螺栓，排放发动机机油 □拆卸机油滤清器	24		
	添加机油	□紧固排放螺栓至规定力矩并清洁 □按正确方法紧固机油滤清器并清洁 □加注规定数量的机油 □检查机油液位	20		
	检查	□发动机运行至正常工作温度 □检查机油液位 □检查相关部位的泄漏	15		
	后续工作	□拧紧机油加注口盖 □清洁发动机舱 □正确进行机油的复位操作	8		
工单填写	规范性	□工单整洁、字迹清晰	2		
	正确性	□信息获取填写正确	6		
安全文明否决		造成人身、设备重大事故；或恶意顶撞考官、严重扰乱考场秩序，立即终止考试，此题记零分			
总分			100		

机油与机油滤清器的更换操作工单

学生学号			学生姓名	
任务描述	按照维修手册的维护标准和要求进行机油的更换			
任务要求	一、机油更换： 1.根据汽车维护操作要求，按照标准流程进行保养作业； 2.根据车辆和维修手册的信息填写以下数据记录。 二、注意事项： 1.操作时注意人身安全； 2.操作时注意做好车辆的防护； 3.按照规范作业，合理、快捷； 4.作业完成后将工具、量具、设备等恢复成考前状态； 5.如果检查出异常现象，请记录(不必恢复)。			

续上表

	1. 获取车辆信息：	
数据填写	车辆 VIN：　　　　　　　　　　行驶里程： 2. 根据维修手册获取维修数据：	

项目	数据
油底壳螺丝拧紧力矩	
机油滤清器拧紧力矩	
发动机机油更换里程	
车辆润滑油型号	
机油加注量	

3. 以考试车型为例，描述机油复位的步骤。

异常现象	（没有异常可不填写）

J01-02　车轮的拆装与检测

1. 任务描述

（1）任务内容

在规定的时间内，请你按照维修手册的要求，选择正确的工具、设备制订出合适的实施计划；对汽车车轮进行拆装与检测。

（2）任务要求

①严格按照维修手册的要求；

②完成操作工单并记录好相关的测量数值；

③操作时工具、量具摆放规范整齐，符合企业基本的 6S（整理、整顿、清扫、清洁、素养、安全）管理要求，及时清扫杂物，保持工作台面清洁；

④具有良好的职业素养，符合企业基本的质量常识和管理要求。

2. 实施条件

（1）工位要求

①每个工位要求场地在 15~20 m²，并配置举升设备和灭火装置，电鼓、气鼓、LED 照明灯；

②每个工位配有 1 m×0.6 m 的工作台；

③每个工位准备三个回收不同类型废料的垃圾桶；

④场地应整洁、卫生、明亮、通风良好，禁止明火和吸烟。

（2）工具仪器设备清单

序号	名称	型号规格	数量	备注
1	考试用车		1 辆	
2	工具套装（150 件）	世达	1 套	
3	数字式扭力扳手	0~100 N·m	1 把	
4	指针式扭力扳手	0~300 N·m	1 把	
5	动平衡机		1 台	
6	轮胎气压表		1 个	

（3）辅助材料清单

序号	名称	数量	备注
1	抹布	若干	
2	环保型清洗材料	1瓶	
3	平衡块	若干	
4	车内防护套装	1套	
5	车外防护套装	1套	
6	手套	1副	

3.考核时量

考核时限：40分钟。

4.评分细则

车轮的拆装与检测评分标准

评分项目	主要评分点	分值说明	分值	得分	评分记录
健康与安全	作业准备	□着装符合要求 □安装车辆防护 □安装车轮挡块	3		
	安全操作	□启动车辆时报告评委 □按规定力矩进行紧固 □工具的合理正确使用 □进行机油和冷却液液位检查后再启动发动机	8		
	5S规范	□仪器、工具、零件没有跌落或摆放凌乱 □每次使用完成后，工具设备合理归位，包括设备和工具没有随手放在发动机舱或地面等不合适的位置、设备使用完毕后关闭电源 □恢复工位到原标准工位布置状态 □废弃物及时清理、处理妥当	4		

续上表

评分项目	主要评分点	分值说明	分值	得分	评分记录
作业流程	车辆的拆装与检查	□多次拧松车轮的螺栓 □取下车辆轮胎 □检查轮胎气压 □检查轮胎是否异常磨损 □检查轮辋是否变形或损坏 □检查轮胎是否有泄漏 □紧固轮胎的螺栓至规定力矩	28		
	轮胎动平衡检测	□拆除旧的平衡块及其他杂物，并清洁 □检查轮胎是否变形或损坏 □调整轮胎气压至标准值 □接通电源，确认其工作正常 □正确设置平衡机上的相应按钮 □根据轮胎类型设置相应的参数 □读出相应的测量数值 □在正确位置贴上合适的平衡块 □重新启动测量，直至 OK	45		
工单填写	规范性	□工单整洁、字迹清晰	2		
	正确性	□信息获取填写正确	10		
安全文明否决		造成人身、设备重大事故；或恶意顶撞考官、严重扰乱考场秩序，立即终止考试，此题记零分			
总分			100		

车轮的拆装与检测操作工单

学生学号		学生姓名	
任务描述	按照维修手册的保养标准、拆装要求进行车轮的拆装与检测		
任务要求	一、车轮的拆装与检测： 1. 根据汽车维护操作要求，按照标准流程进行保养、拆装作业； 2. 根据车辆和维修手册的信息填写以下数据记录。 二、注意事项： 1. 操作时注意人身安全； 2. 操作时注意做好车辆的防护； 3. 按照规范作业，合理、快捷； 4. 作业完成后将工具、量具、设备等恢复成考前状态； 5. 如果检查出异常现象，请记录(不必恢复)。		

续上表

数据填写	1. 轮胎的拧紧力矩： 2. 轮胎螺栓的拆卸顺序有什么要求？ 3. 轮胎的标准气压： 4. 什么情况下需要做轮胎的动平衡？
异常现象	（没有异常可不填写）

J01-03 进气系统保养

1. 任务描述

（1）任务内容

在规定的时间内，请你按照维修手册的要求，选择正确的工具、设备制订出合适的实施计划；对汽车的进气系统进行保养维护。

（2）任务要求

①严格按照维修手册的要求；

②完成操作工单并记录好相关的测量数值；

③操作时工具、量具摆放规范整齐，符合企业基本的 6S（整理、整顿、清扫、清洁、素养、安全）管理要求，及时清扫杂物，保持工作台面清洁；

④具有良好的职业素养，符合企业基本的质量常识和管理要求。

2. 实施条件

（1）工位要求

①每个工位要求场地在 15～20 m²，并配置举升设备和灭火装置，电鼓、气鼓、LED 照明灯；

②每个工位配有 1 m×0.6 m 的工作台；

③每个工位准备三个回收不同类型废料的垃圾桶；

④场地应整洁、卫生、明亮、通风良好，禁止明火和吸烟。

（2）工具仪器设备清单

序号	名称	型号规格	数量	备注
1	考试用车		1 辆	
2	工具套装(150 件)	世达	1 套	
3	数字式扭力扳手	0～100 N·m	1 把	
4	诊断电脑	通用型	1 台	
5	气枪		1 把	

（3）辅助材料清单

序号	名称	数量	备注
1	抹布	若干	
2	环保型清洗材料	1瓶	
3	空气滤芯	1个	
4	车内防护套装	1套	
5	车外防护套装	1套	
6	手套	1副	

3. 考核时量

考核时限：40分钟。

4. 评分细则

进气系统保养评分标准

评分项目	主要评分点	分值说明	分值	得分	评分记录
健康与安全	作业准备	□着装符合要求 □安装车辆防护 □安装车轮挡块	3		
	安全操作	□启动车辆时报告评委 □按规定力矩进行紧固 □工具的合理正确使用 □进行机油和冷却液液位检查后再启动发动机	8		
	5S规范	□仪器、工具、零件没有跌落或摆放凌乱 □每次使用完成后，工具设备合理归位，主要包括设备和工具没有随手放在发动机舱或地面等不合适的位置、设备使用完毕后关闭电源 □恢复工位到原标准工位布置状态 □废弃物及时清理、处理妥当	4		

续上表

评分项目	主要评分点	分值说明	分值	得分	评分记录
作业流程	空气滤芯的更换	□松开滤芯盖的螺栓 □取出空气滤芯 □安装新的空气滤芯 □检查是否完全安放到位 □紧固滤芯盖的螺栓至规定力矩	20		
	节气门体的拆卸	□断开节气门位置传感器连接器和线束夹箍 □拆下4个螺栓 □拆下燃油管路支架和节气门体 □断开净化管路软管 □断开冷却液旁通软管 □断开节气门体其他软管	27		
	节气门体的清洗	□清洗节气门 □检查节气门轴有无松旷 □用抹布清洁，并用压缩空气吹干	9		
	节气门体的安装	□连接好相关的管路 □安装燃油管路支架和节气门体 □拧紧螺栓至规定力矩 □插好节气门位置传感器连接器	10		
	性能检查	□启动发动机 □检查发动机运转是否平稳 □检查发动机的加速性能 □进行节气门位置复位操作	12		
工单填写	规范性	□工单整洁、字迹清晰	2		
	正确性	□信息获取填写正确	5		
安全文明否决		造成人身、设备重大事故；或恶意顶撞考官、严重扰乱考场秩序，立即终止考试，此题记零分			
总分			100		

进气系统保养操作工单

学生学号		学生姓名	
任务描述	按照维修手册的保养标准、拆装要求进行进气系统的保养		
任务要求	一、进气系统的保养： 1. 根据汽车维护操作要求，按照标准流程进行保养、拆装作业； 2. 根据车辆和维修手册的信息填写以下数据记录。 二、注意事项： 1. 操作时注意人身安全； 2. 操作时注意做好车辆的防护； 3. 按照规范作业，合理、快捷； 4. 作业完成后将工具、量具、设备等恢复成考前状态； 5. 如果检查出异常现象，请记录（不必恢复）。		
数据填写	在清洗完节气门后，车辆的急速转速偏高，请问如何处理？		
异常现象	（没有异常可不填写）		

J01-04 火花塞的拆装与检查

1. 任务描述

（1）任务内容

在行驶一定的里程后，火花塞的性能逐步下降。请你按照维修手册的要求，选择正确的工具、设备制订出正确的实施计划；对汽车进行火花塞的拆装与检查。

（2）任务要求

①严格按照维修手册的要求；

②完成操作工单并记录好相关的测量数值；

③操作时工具、量具摆放规范整齐，符合企业基本的 6S（整理、整顿、清扫、清洁、素养、安全）管理要求，及时清扫杂物，保持工作台面清洁；

④具有良好的职业素养，符合企业基本的质量常识和管理要求。

2. 实施条件

（1）工位要求

①每个工位要求场地在 15~20 m²，并配置举升设备和灭火装置，电鼓、气鼓、LED 照明灯；

②每个工位配有 1 m×0.6 m 的工作台；

③每个工位准备三个回收不同类型废料的垃圾桶；

④场地应整洁、卫生、明亮、通风良好，禁止明火和吸烟。

（2）工具仪器设备清单

序号	名称	型号规格	数量	备注
1	考试用车		1辆	
2	工具套装(150件)	世达	1套	
3	数字式扭力扳手	0~100 N·m	1把	
4	绝缘表		1台	
5	火花塞专用套筒		1个	
6	手电筒		1个	
7	塞尺		1把	

（3）辅助材料清单

序号	名称	数量	备注
1	抹布	若干	
2	环保型清洗剂	1瓶	
3	火花塞	1个	
4	车内防护套装	1套	
5	车外防护套装	1套	
6	手套	1副	
7	毛刷	1个	

3. 考核时量

考核时限：40分钟。

4. 评分细则

火花塞的拆装与检查评分标准

评分项目	主要评分点	分值说明	分值	得分	评分记录
健康与安全	作业准备	□着装符合要求 □安装车辆防护 □安装车轮挡块	3		
	安全操作	□启动车辆时报告评委 □按规定力矩进行紧固 □工具的合理正确使用 □进行机油和冷却液液位检查后再启动发动机	8		
	5S规范	□仪器、工具、零件没有跌落或摆放凌乱 □每次使用完成后，工具设备合理归位，主要包括设备和工具没有随手放在发动机舱或地面等不合适的位置、设备使用完毕后关闭电源 □恢复工位到原标准工位布置状态 □废弃物及时清理、处理妥当	4		

续上表

评分项目	主要评分点	分值说明	分值	得分	评分记录
作业流程	火花塞的拆卸	□断开点火线圈连接器 □拆卸点火线圈的螺栓 □取出点火线圈 □拆卸火花塞	20		
	火花塞的检查	□清洁火花塞 □检查火花塞的螺纹是否破损 □检查火花塞的积炭情况 □测量火花塞的电极间隙 □测量火花塞的绝缘电阻	20		
	火花塞的安装	□正确装入火花塞 □按正确的方法紧固火花塞至规定力矩 □安装点火线圈 □紧固点火线圈的螺栓至规定力矩 □插好点火线圈连接器	25		
	性能检查	□启动发动机 □检查发动机运转是否平稳 □检查发动机的加速性能	12		
工单填写	规范性	□工单整洁、字迹清晰	2		
	正确性	□信息获取填写正确	6		
安全文明否决		造成人身、设备重大事故；或恶意顶撞考官、严重扰乱考场秩序，立即终止考试，此题记零分			
总分			100		

火花塞的拆装与检查操作工单

学生学号		学生姓名	
任务描述	按照维修手册的拆装标准和要求进行火花塞的拆装和检查		
任务要求	一、火花塞的拆装和检查： 1.根据汽车维护操作要求，按照标准流程进行保养作业； 2.根据车辆和维修手册的信息填写以下数据记录。 二、注意事项： 1.操作时注意人身安全； 2.操作时注意做好车辆的防护； 3.按照规范作业，合理、快捷； 4.作业完成后将工具、量具、设备等恢复成考前状态； 5.如果检查出异常现象，请记录(不必恢复)。		

续上表

数据填写	1. 火花塞的电极间隙 标准值： 测量值： 结果分析： 2. 如何正确选择合适的火花塞？
异常现象	（没有异常可不填写）

J01-05　冷却液的检查与更换

1. 任务描述

（1）任务内容

在规定的时间内，按照维修手册的要求，选择正确的工具、设备制订出正确的实施计划；对汽车进行冷却液的检查与更换。

（2）任务要求

①严格按照维修手册的要求；

②完成操作工单并记录好相关的测量数值；

③操作时工具、量具摆放规范整齐，符合企业基本的 6S（整理、整顿、清扫、清洁、素养、安全）管理要求，及时清扫杂物，保持工作台面清洁；

④具有良好的职业素养，符合企业基本的质量常识和管理要求。

2. 实施条件

（1）工位要求

①每个工位要求场地在 15~20 m²，并配置举升设备和灭火装置，电鼓、气鼓、LED 照明灯；

②每个工位配有 1 m×0.6 m 的工作台；

③每个工位准备三个回收不同类型废料的垃圾桶；

④场地应整洁、卫生、明亮、通风良好，禁止明火和吸烟。

（2）工具仪器设备清单

序号	名称	型号规格	数量	备注
1	考试用车		1辆	
2	工具套装（150 件）	世达	1套	
3	数字式扭力扳手	0~100 N·m	1把	
4	手电筒		1个	
5	冰点测试仪		1台	
6	冷却系统密封套件		1套	
7	收集盆		1个	

（3）辅助材料清单

序号	名称	数量	备注
1	抹布	若干	
2	车内防护套装	1 套	
3	车外防护套装	1 套	
4	手套	1 副	
5	冷却液	2 瓶	4L

3. 考核时量

考核时限：40 分钟。

4. 评分细则

冷却液的检查与更换评分标准

评分项目	主要评分点	分值说明	分值	得分	评分记录
健康与安全	作业准备	□着装符合要求 □安装车辆防护 □安装车轮挡块	3		
	安全操作	□启动车辆时报告评委 □按规定力矩进行紧固 □工具的合理正确使用 □进行机油和冷却液液位检查后再启动发动机	8		
	5S 规范	□仪器、工具、零件没有跌落或摆放凌乱 □每次使用完成后，工具设备合理归位，主要包括设备和工具没有随手放在发动机舱或地面等不合适的位置、设备使用完毕后关闭电源 □恢复工位到原标准工位布置状态 □废弃物及时清理、处理妥当	4		

续上表

评分项目	主要评分点	分值说明	分值	得分	评分记录
作业流程	排放冷却液	□拆卸散热器盖 □松开排放螺塞 □收集冷却液	15		
	添加冷却液	□紧固排放螺塞 □添加规定的冷却液 □用手按压散热器软管 □视情况继续进行添加 □拧紧散热器盖	25		
	冷却系统检查	□启动发动机 □运行至正常工作温度 □检查冷却液液位是否在规定范围 □安装密封性检测工具 □检查冷却系统是否泄漏 □检查冷却液的冰点	30		
工单填写	规范性	□工单整洁、字迹清晰	2		
	正确性	□信息获取填写正确	13		
安全文明否决		造成人身、设备重大事故；或恶意顶撞考官、严重扰乱考场秩序，立即终止考试，此题记零分			
总分			100		

冷却液的检查与更换操作工单

学生学号		学生姓名	
任务描述	按照维修手册的拆装标准和要求进行冷却液的检查与更换		
任务要求	一、冷却液的检查与更换： 1. 根据汽车维护操作要求，按照标准流程进行保养和更换作业； 2. 根据车辆和维修手册的信息填写以下数据记录。 二、注意事项： 1. 操作时注意人身安全； 2. 操作时注意做好车辆的防护； 3. 按照规范作业，合理、快捷； 4. 作业完成后将工具、量具、设备等恢复成考前状态； 5. 如果检查出异常现象，请记录(不必恢复)。		

续上表

数据填写	1. 冷却液加注量： 2. 冷却液的冰点： 3. 冷却液是否符合要求？ 4. 检查冷却系统的密封性时，施加的压力： 5. 描述真空加注冷却液的主要步骤：
异常现象	（没有异常可不填写）

J01-06　制动系统的保养

1. 任务描述

（1）任务内容

在规定的时间内，请你按照维修手册的要求，选择正确的工具、设备制订出合适的实施计划；对汽车的制动系统进行保养。

（2）任务要求

①严格按照维修手册的要求；

②完成操作工单并记录好相关的测量数值；

③操作时工具、量具摆放规范整齐，符合企业基本的 6S（整理、整顿、清扫、清洁、素养、安全）管理要求，及时清扫杂物，保持工作台面清洁；

④具有良好的职业素养，符合企业基本的质量常识和管理要求。

2. 实施条件

（1）工位要求

①每个工位要求场地在 15～20 m²，并配置举升设备和灭火装置，电鼓、气鼓、LED 照明灯；

②每个工位配有 1 m×0.6 m 的工作台；

③每个工位准备三个回收不同类型废料的垃圾桶；

④场地应整洁、卫生、明亮、通风良好，禁止明火和吸烟。

（2）工具仪器设备清单

序号	名称	型号规格	数量	备注
1	考试用车		1 辆	
2	工具套装（150 件）	世达	1 套	
3	数字式扭力扳手	0～100 N·m	1 把	
4	指针式扭力扳手	0～300 N·m	1 把	
5	制动液加注机		1 台	
6	外径千分尺	0～50 mm	1 把	
7	S 挂钩		1 个	
8	活塞压回工具		1 个	

（3）辅助材料清单

序号	名称	数量	备注
1	抹布	若干	
2	环保型清洗材料	1瓶	
3	制动液	2L	
4	车内防护套装	1套	
5	车外防护套装	1套	
6	手套	1副	
7	刹车片	2个	
8	消音膏	2瓶	

3. 考核时量

考核时限：40分钟。

4. 评分细则

制动系统的保养评分标准

评分项目	主要评分点	分值说明	分值	得分	评分记录
健康与安全	作业准备	□着装符合要求 □安装车辆防护 □安装车轮挡块	3		
	安全操作	□启动车辆时报告评委 □按规定力矩进行紧固 □工具的合理正确使用 □进行机油和冷却液液位检查后再启动发动机	8		
	5S规范	□仪器、工具、零件没有跌落或摆放凌乱 □每次使用完成后，工具设备合理归位，主要包括设备和工具没有随手放在发动机舱或地面等不合适的位置、设备使用完毕后关闭电源 □恢复工位到原标准工位布置状态 □废弃物及时清理、处理妥当	4		

续上表

评分项目	主要评分点	分值说明	分值	得分	评分记录
作业流程	制动液更换	□安装制动液加注机 □按下启动按钮 □调整压力至2Bar □按照从远到近的顺序，更换右后轮的制动液 □依次更换其他车轮的制动液 □确保更换的制动液的容量符合要求 □检查各车轮的放气螺栓是否泄漏	21		
	制动摩擦片的拆卸	□打开制动液储液罐 □拆卸车轮 □检查制动盘 □拆卸制动钳的导向螺栓 □用S挂钩挂好制动卡钳 □取出旧的制动摩擦片 □用专用工具压回活塞 □测量制动盘的厚度	32		
	制动摩擦片的安装	□在相应位置涂抹消音膏 □安装新的制动摩擦片 □清洁导向螺栓，紧固至规定力矩 □安装车轮	16		
	后续工作	□检查储液罐是否在合适位置，必要时添加 □反复踩踏制动踏板 □必要时制动摩擦片复位	6		
工单填写	规范性	□工单整洁、字迹清晰	2		
	正确性	□信息获取填写正确	8		
安全文明否决		造成人身、设备重大事故；或恶意顶撞考官、严重扰乱考场秩序，立即终止考试，此题记零分			
总分			100		

制动系统的保养操作工单

学生学号		学生姓名	
任务描述	按照维修手册的保养标准、拆装要求进行制动系统的保养工作		

续上表

任务要求	一、制动系统的保养： 1.根据汽车维护操作要求，按照标准流程进行保养、拆装作业； 2.根据车辆和维修手册的信息填写以下数据记录。 二、注意事项： 1.操作时注意人身安全； 2.操作时注意做好车辆的防护； 3.按照规范作业，合理、快捷； 4.作业完成后将工具、量具、设备等恢复成考前状态； 5.如果检查出异常现象，请记录(不必恢复)。
数据填写	1.制动液的更换顺序： 2.制动液的更换容量： 3.制动摩擦片的复位步骤(以考试车辆为例)： 4.制动盘的检查内容：
异常现象	(没有异常可不填写)

J01-07　自动变速器油的更换

1.任务描述

（1）任务内容

在规定的时间内，请你按照维修手册的要求，选择正确的工具、设备制订出合适的实施计划；更换自动变速器油。

（2）任务要求

①严格按照维修手册的要求；

②完成操作工单并记录好相关的测量数值；

③操作时工具、量具摆放规范整齐，符合企业基本的 6S（整理、整顿、清扫、清洁、素养、安全）管理要求，及时清扫杂物，保持工作台面清洁；

④具有良好的职业素养，符合企业基本的质量常识和管理要求。

2.实施条件

（1）工位要求

①每个工位要求场地在 15~20 m²，并配置举升设备和灭火装置，电鼓、气鼓、LED 照明灯；

②每个工位配有 1 m×0.6 m 的工作台；

③每个工位准备三个回收不同类型废料的垃圾桶；

④场地应整洁、卫生、明亮、通风良好，禁止明火和吸烟。

（2）工具仪器设备清单

序号	名称	型号规格	数量	备注
1	考试用车		1辆	
2	工具套装(150件)	世达	1套	
3	数字式扭力扳手	0~100 N·m	1把	
4	加注机		1台	

（3）辅助材料清单

序号	名称	数量	备注
1	抹布	若干	
2	环保型清洗材料	1瓶	
3	自动变速器油	10L	
4	车内防护套装	1套	
5	车外防护套装	1套	
6	手套	1副	

3. 考核时量

考核时限：40分钟。

4. 评分细则

自动变速器油的更换评分标准

评分项目	主要评分点	分值说明	分值	得分	评分记录
健康与安全	作业准备	□着装符合要求 □安装车辆防护 □安装车轮挡块	3		
	安全操作	□启动车辆时报告评委 □按规定力矩进行紧固 □工具的合理正确使用 □进行机油和冷却液液位检查后再启动发动机	8		
	5S规范	□仪器、工具、零件没有跌落或摆放凌乱 □每次使用完成后，工具设备合理归位，主要包括设备和工具没有随手放在发动机舱或地面等不合适的位置、设备使用完毕后关闭电源 □恢复工位到原标准工位布置状态 □废弃物及时清理、处理妥当	4		

续上表

评分项目	主要评分点	分值说明	分值	得分	评分记录
作业流程	排放自动变速器油液	□启动发动机，暖机至正常工作温度 □依次挂挡，在每个挡位上停留 3 秒钟 □拆卸加注螺栓 □拆卸排放螺栓 □从放油孔中排出 ATF	25		
	添加自动变速器油液	□拧紧排放螺栓，紧固至规定力矩 □添加合适的自动变速器油液 □拧紧加注螺栓，紧固至规定力矩	21		
	自动变速器油液的检查	□开动汽车使发动机和传动桥处于正常工作温度 □在发动机空转且踩下制动踏板的情况下，将换挡杆由 P 换至 L 的所有挡位，然后返回到 P 挡位 □检查油位是否处于 HOT 范围内 □检查自动变速器相关部位是否泄漏	28		
工单填写	规范性	□工单整洁、字迹清晰	2		
	正确性	□信息获取填写正确	9		
安全文明否决		造成人身、设备重大事故；或恶意顶撞考官、严重扰乱考场秩序，立即终止考试，此题记零分			
总分			100		

自动变速器油的更换操作工单

学生学号		学生姓名	
任务描述	按照维修手册的保养标准、拆装要求进行自动变速器油的更换		
任务要求	一、自动变速器油的更换： 1. 根据汽车维护操作要求，按照标准流程进行保养、更换作业； 2. 根据车辆和维修手册的信息填写以下数据记录。 二、注意事项： 1. 操作时注意人身安全； 2. 操作时注意做好车辆的防护； 3. 按照规范作业，合理、快捷； 4. 作业完成后将工具、量具、设备等恢复成考前状态； 5. 如果检查出异常现象，请记录(不必恢复)。		

续上表

数据填写	1.自动变速器油液的加注量： 2.加注螺栓的力矩： 3.放油螺栓的力矩： 4.写出自动变速器油液加注与回收机的使用方法（以某种型号为例）：
异常现象	（没有异常可不填写）

J01-08 车辆底盘部件检查

1. 任务描述

(1)任务内容

在规定的时间内，请你按照维修手册的要求，选择正确的工具、设备制订出合适的实施计划；对汽车悬架与转向系统进行检查。

(2)任务要求

①严格按照维修手册的要求；

②完成操作工单并记录好相关的检查内容；

③操作时工具、设备摆放规范整齐，符合企业基本的 6S（整理、整顿、清扫、清洁、素养、安全）管理要求，及时清扫杂物，保持工作台面清洁；

④具有良好的职业素养，符合企业基本的质量常识和管理要求。

2. 实施条件

(1)工位要求

①每个工位要求场地在 15~20 m²，并配置举升设备和灭火装置，电鼓、气鼓、LED 照明灯；

②每个工位配有 1 m×0.6 m 的工作台；

③每个工位准备三个回收不同类型废料的垃圾桶；

④场地应整洁、卫生、明亮、通风良好，禁止明火和吸烟。

(2)工具仪器设备清单

序号	名称	型号规格	数量	备注
1	考试用车		1 辆	
2	工具套装(150 件)	世达	1 套	
3	数字式扭力扳手	0~100 N·m	1 把	
4	头戴式 LED 照明灯		1 个	
5	举升机		1 台	

（3）辅助材料清单

序号	名称	数量	备注
1	抹布	若干	
2	车内防护套装	1套	
3	车外防护套装	1套	
4	手套	1副	

3.考核时量

考核时限：40分钟。

4.评分细则

车辆底盘部件检查评分标准

评分项目	主要评分点	分值说明	分值	得分	评分记录
健康与安全	作业准备	□着装符合要求 □安装车辆防护 □安装车轮挡块	3		
	安全操作	□启动车辆时报告评委 □按规定力矩进行紧固 □工具的合理正确使用 □进行机油和冷却液液位检查后再启动发动机 □车辆举升规范	8		
	5S规范	□仪器、工具、零件没有跌落或摆放凌乱 □每次使用完成后，工具设备合理归位，主要包括设备和工具没有随手放在发动机舱或地面等不合适的位置、设备使用完毕后关闭电源 □恢复工位到原标准工位布置状态 □废弃物及时清理、处理妥当	4		
作业流程	轮胎检查	□检查轮胎品牌、型号、花纹、方向是否错误 □检查轮胎是否有损伤、扎钉 □检查胎压是否异常，气门芯是否漏气 □检查气嘴帽、胶垫是否丢失、破损	8		

续上表

评分项目	主要评分点	分值说明	分值	得分	评分记录
作业流程	轮毂轴承检查	□检查车轮轴承是否松旷 □检查车轮转动是否困难 □检查车轮安装面有无异物，转动时是否偏摆 □检查车轮螺栓、螺母是否松动，螺纹有无损伤	9		
	螺栓螺母检查	□检查螺母是否装反，锁紧面有无异物 □检查螺栓是否装反，开口销是否异常 □检查螺栓、螺母是否松动	8		
	减震器检查	□检查减震器是否漏油，减震效果是否差 □检查减震器是否卡滞，行程是否受限，支杆是否弯曲 □检查减震器壳体、防尘罩、缓冲块有无破损 □检查减震器有无异响，固定螺母有无松动	9		
	杆件检查	□检查转向横拉杆有无弯曲、撞击痕 □检查稳定杆及拉杆有无弯曲、撞击痕 □检查悬架杆件有无弯曲、变形、裂纹、撞击痕	8		
	悬架弹簧检查	□检查弹簧和上下橡胶垫配合有无不当，是否缺少橡胶垫、附件及限位弹簧 □检查弹簧上下、前后方向是否正确 □检查弹簧尺寸型号是否正确	8		
	橡胶轴承检查	□检查前悬架橡胶轴承是否老化、破损 □检查前后稳定杆橡胶衬套是否老化、破损 □检查后悬架橡胶轴承是否老化、破损	8		
	防尘套检查	□检查半轴、转向拉杆防尘套是否破损、扭曲、松脱，卡箍是否异常 □检查球头防尘套是否破损、漏油，卡环是否异常	8		
	转向检查	□检查方向盘有无松旷、异响，是否沉重、不对中 □检查转向十字轴是否松动，安装是否错误 □检查转向横拉杆、球头是否松动	8		

续上表

评分项目	主要评分点	分值说明	分值	得分	评分记录
工单填写	规范性	□工单整洁、字迹清晰	2		
	正确性	□信息获取填写正确	9		
安全文明否决		造成人身、设备重大事故；或恶意顶撞考官、严重扰乱考场秩序，立即终止考试，此题记零分			
总分			100		

车辆底盘部件检查操作工单

学生学号		学生姓名	
任务描述	按照维修手册的保养标准、拆装要求进行车辆底盘部件检查		
任务要求	一、车辆底盘部件检查： 1.根据汽车维护操作要求，按照标准流程进行保养、更换作业； 2.根据车辆和维修手册的信息填写以下数据记录。 二、注意事项： 1.操作时注意人身安全； 2.操作时注意做好车辆的防护； 3.按照规范作业，合理、快捷； 4.作业完成后将工具、量具、设备等恢复成考前状态； 5.如果检查出异常现象，请记录(不必恢复)。		

检查记录	检查内容	检查结果	处理建议
	轮胎检查	YES□　NO□	
	轮毂轴承检查	YES□　NO□	
	螺栓螺母检查	YES□　NO□	
	减震器检查	YES□　NO□	
	杆件检查	YES□　NO□	
	悬架弹簧检查	YES□　NO□	
	橡胶轴承检查	YES□　NO□	
	防尘套检查	YES□　NO□	
	转向检查	YES□　NO□	

J01-09 空调系统的保养

1. 任务描述

（1）任务内容

在规定的时间内，请你按照维修手册的要求，选择正确的工具、设备制订出合适的实施计划；对汽车的空调系统进行保养。

（2）任务要求

①严格按照维修手册的要求；

②完成操作工单并记录好相关的测量数值；

③操作时工具、量具摆放规范整齐，符合企业基本的 6S（整理、整顿、清扫、清洁、素养、安全）管理要求，及时清扫杂物，保持工作台面清洁；

④具有良好的职业素养，符合企业基本的质量常识和管理要求。

2. 实施条件

（1）工位要求

①每个工位要求场地在 15~20 m²，并配置举升设备和灭火装置，电鼓、气鼓、LED 照明灯；

②每个工位配有 1 m×0.6 m 的工作台；

③每个工位准备三个回收不同类型废料的垃圾桶；

④场地应整洁、卫生、明亮、通风良好，禁止明火和吸烟。

（2）工具仪器设备清单

序号	名称	型号规格	数量	备注
1	考试用车		1辆	
2	工具套装(150 件)	世达	1套	
3	数字式扭力扳手	0~100 N·m	1把	
4	空调回收加注机		1台	
5	干湿温度计		1个	
6	温度计		1个	

（3）辅助材料清单

序号	名称	数量	备注
1	抹布	若干	
2	环保型清洗材料	1瓶	
3	空调制冷剂	1罐	
4	车内防护套装	1套	
5	车外防护套装	1套	
6	手套	1副	
7	冷冻机油	2瓶	
8	空调滤芯	1个	
9	护目镜	1副	

3. 考核时量

考核时限：40分钟。

4. 评分细则

空调系统的维护评分标准

评分项目	主要评分点	分值说明	分值	得分	评分记录
健康与安全	作业准备	□着装符合要求 □安装车辆防护 □安装车轮挡块	3		
	安全操作	□启动车辆时报告评委 □按规定力矩进行紧固 □工具的合理正确使用 □进行机油和冷却液液位检查后再启动发动机	8		
	5S规范	□仪器、工具、零件没有跌落或摆放凌乱 □每次使用完成后，工具设备合理归位，主要包括设备和工具没有随手放在发动机舱或地面等不合适的位置、设备使用完毕后关闭电源 □恢复工位到原标准工位布置状态 □废弃物及时清理、处理妥当	4		

续上表

评分项目	主要评分点	分值说明	分值	得分	评分记录
作业流程	空调滤芯的更换	□拆下仪表板外装饰盖 □拆下仪表板储物箱 □松开卡夹，取下空调滤芯 □安装空调滤芯 □安装仪表板储物箱 □安装仪表板外装饰盖	18		
	空调制冷剂的回收与加注	□按照相关要求运行发动机 □连接车辆与制冷剂加注回收机 □启动电源，进行相应的参数设置 □回收制冷剂并记录 □在仪器上启动抽真空过程 □抽真空时间至少30分钟 □保压一段时间，抽真空捡漏 □加注合适的冷冻机油 □加注合适的制冷剂 □脱开高、低压管路与车辆的连接 □排空高压管路和低压管路	33		
	空调性能检测	□启动发动机，速度稳定在 1500－2000 r/min □打开所有的车门 □将空调温度设置最低 □将空调风扇设置速度最高 □将干湿温度计置于距离汽车 1.5 m 以上的地方 □将温度计探头置于距离出风口 0.05 m 处	21		
工单填写	规范性	□工单整洁、字迹清晰	2		
	正确性	□信息获取填写正确	11		
安全文明否决		造成人身、设备重大事故；或恶意顶撞考官、严重扰乱考场秩序，立即终止考试，此题记零分			
总分			100		

空调系统的保养操作工单

学生学号		学生姓名	
任务描述	按照维修手册的标准要求进行空调系统的保养		
任务要求	一、空调系统的保养： 1.根据汽车维护操作要求，按标准流程进行保养、更换作业； 2.根据车辆和维修手册的信息填写以下数据记录。 二、注意事项： 1.操作时注意人身安全； 2.操作时注意做好车辆的防护； 3.按照规范作业，合理、快捷； 4.作业完成后将工具、量具、设备等恢复成考前状态； 5.如果检查出异常现象，请记录（不必恢复）。		
数据填写	1.回收的冷冻机油量： 2.回收的制冷剂量： 3.加注的标准制冷剂量： 4.加注的冷冻机油量： 5.根据空调性能的检测结果，完成下图的标注，并判断空调性能的好坏。 面板空气出风口温度（℃）		
异常现象	（没有异常可不填写）		

J02-01 活塞连杆组的拆装与检测

1. 任务描述

在 60 分钟的规定时间内, 完成对发动机活塞连杆组的拆解、测量与组装, 按要求填写记录表单并根据测量结果分析判断零部件好坏。

(1)拆卸活塞环;

(2)测量活塞环第一道环侧隙、开口端隙;

(3)安装活塞连杆组, 检查活塞偏缸情况;

(4)安装活塞环;

(5)安装活塞连杆组;

(6)拆卸活塞连杆组;

(7)填写作业记录表, 计算和确定维修方案。

2. 实施条件

(1)工位要求

①每个工位要求场地在 15~20 m², 设置 6 个工位;

②每个工位配有 1 m×0.6 m 的工作台;

③每个工位准备三个回收不同类型废料的垃圾桶;

④配有灭火装置、电鼓、气鼓、LED 照明灯。

(2)工具仪器设备清单(每个工位的配置)

序号	工量具名称	型号规格	备注
1	发动机翻转架		
2	扭力扳手	5~25 N·m	
3	橡皮锤		
4	指针式扭力扳手		
5	转接头	12.5 mm 转 9.5 mm	
6	套筒	E16	
7	套筒	11 mm	
8	活塞环钳		
9	吹尘枪	S117011	

续上表

序号	工量具名称	型号规格	备注
10	外径千分尺	75~100 mm(测量 78 mm)	
11	工具车		
12	工作台(带台钳)	长×宽×高(mm)：1600×800×800	

(3)辅助材料清单(每个工位的配置)

序号	辅助材料名称	数量	备注
1	抹布	若干	
2	环保型清洗材料	1瓶	

3. 考核时量

考核时限：60 分钟。

4. 评分细则

活塞连杆组的拆装与检测评分标准

作业项目	作业流程	作业内容及注意事项	分值	扣分说明	扣分
前期准备	确认工具、量具、零件	检查并确认各种工具、量具是否完好	2	□未检查确认工具、量具完好扣1分 □未检查工具车、工作平台固定牢固性扣1分 以上累计扣分不超过本项配分，扣完为止	
	检查发动机台架牢固度	检查并确认发动机台架固定牢靠	2	□未检查台架牢固性扣1分	
确定气缸内径基本尺寸	清洁发动机缸体上平面、气缸筒	使用抹布与气枪清洁发动机缸体上平面、气缸筒	2	□未清洁气缸体及上平面扣1分	
	确定气缸内径基本尺寸	清洁并校准游标卡尺，使用游标卡尺测量气缸内径基本尺寸为 90 mm	2	□未清洁校准游标卡尺扣1分 □游标卡尺使用错误扣1分 以上累计扣分不超过本项配分，扣完为止	

续上表

作业项目	作业流程	作业内容及注意事项	分值	扣分说明	扣分
测量活塞直径	拆下活塞环	使用活塞环钳，拆下活塞环	5	□未用手拆下油环扣1分 □未使用活塞环钳拆下气环扣1分	
	测量活塞直径	清洁并校准千分尺	2	□未清洁校准扣1分	
		将活塞固定到台钳上，使用千分尺测量活塞直径	2	□活塞固定时未用布防护扣1分 □未在距离活塞底部11 mm处测量活塞直径扣1分 □未在11 mm处做标记扣1分	
计算气缸与活塞配合间隙	计算气缸与活塞配合间隙	根据上述测量得到的气缸内径、活塞直径，计算配缸间隙	5	□计算方法不正确扣2分	
测量活塞环开口端隙、侧隙	清洁并检查活塞环	清洁并检查活塞环磨损情况	2	□未清洁扣1分 □未检查活塞环磨损情况扣1分 以上累计扣分不超过本项配分，扣完为止	
	测量活塞环开口端隙	将第一道气环放入指定气缸，并用活塞将其推入至100 mm位置。使用间隙规测量活塞环开口端隙	5	□未推至指定100 mm位置扣1分 □使用间隙规测量方法不正确扣1分	
	测量活塞环侧隙	将第一活塞环放入到第一道环槽内，使用间隙规边转动边测量活塞环侧隙	2	□未检查活塞环槽状况扣1分 □未转动检查侧隙扣1分 □检查少于3次扣1分 以上累计扣分不超过本项配分，扣完为止	
组装活塞环	将油环、第二道气环、第一道气环装入活塞环槽中	将油环装入活塞油环槽中，使用活塞环钳，安装第二、第一道活塞环。转动活塞上的气环，使环中的缝隙移动180°，并处于活塞销末端的对面。还要防止三片式油环上的上下环缝隙相对而列	7	□未用手装入油环扣1分 □未使用活塞环钳装入气环扣1分 □未按照手册要求调整环口位置扣2分 以上累计扣分不超过本项配分，扣完为止	

续上表

作业项目	作业流程	作业内容及注意事项	分值	扣分说明	扣分
将活塞装入气缸	安装活塞到相应气缸	在活塞与活塞环上涂抹润滑油，使用活塞卡子，将活塞环束紧，使用木质锤柄，将活塞装入气缸，注意不得发生磕碰	10	□未涂抹润滑油扣1分 □使用活塞卡子不正确扣1分 □未检查活塞安装方向或方向错误扣2分 □敲击活塞卡子边缘后未再次紧固工具扣1分 □用锤子直接将活塞敲击到底扣1分 □连杆与曲轴发生严重撞击扣2分 以上累计扣分不超过本项配分，扣完为止	
	调整缸体下平面朝上	转动发动机台架手柄，调整发动机缸体下平面朝上	2	□未调整下平面朝上扣1分	
将活塞装入气缸	清洁连杆轴承盖轴承内表面	使用抹布或气枪清洁轴承内表面，在轴承内表面涂抹润滑油	2	□未清洁扣1分 □未涂油扣1分 以上累计扣分不超过本项配分，扣完为止	
	安装拉杆轴承盖螺栓	按照连杆轴承盖方向，装入轴承盖，用手将螺栓拧入	2	□未检查轴承盖方向扣1分 □轴承盖安装方向错误扣1分 □未用手旋入螺栓扣1分 以上累计扣分不超过本项配分，扣完为止	
	紧固拉杆轴承盖螺栓	分别使用预置式与指针式扭力扳手，分两次紧固螺栓。 第一次：25 N·m 第二次：30°	5	□未正确选用工具扣1分 □拧紧力矩或角度不符合要求扣2分 以上累计扣分不超过本项配分，扣完为止	

续上表

作业项目	作业流程	作业内容及注意事项	分值	扣分说明	扣分
活塞偏缸检查	调整缸体上平面朝上	转动发动机台架手柄，调整发动机缸体上平面朝上	2	□未转至上平面朝上位置扣1分	
	检查活塞在气缸中的偏缸情况	缓慢转动曲轴，检查活塞在气缸中的运动情况，判断是否存在偏缸情况	2	□未配合检查偏缸情况扣1分 □未进行检查扣1分	
拆下活塞连杆组	调整缸体下平面朝上	转动发动机台架手柄，调整发动机缸体下平面朝上	2	□未将缸体下平面转至朝上位置扣1分	
	松开拉杆轴承盖螺栓	使用指针扳手、11 mm套筒，分两次，松开拉杆轴承盖螺栓	5	□未使用指针扳手扣1分 □未分两次松开螺栓扣1分	
	取下轴承盖及螺栓	拆下螺栓及轴承盖，将轴承盖放置在工作台上	2	□未及时将轴承盖放置到工作台扣1分	
	拆下活塞	使用木质锤把将活塞从气缸中推出	2	□未用木质锤把推出活塞扣1分	
	安装轴承盖到连杆大头	使用螺栓将轴承盖安装到连杆大头	2	□未将连杆轴承盖安装到连杆大头扣1分	
调整气缸体上平面朝上	调整气缸体上平面朝上	转动发动机台架手柄，将发动机气缸体上平面调整到朝上位置	2	□未将缸体转至上平面朝上位置扣1分	
职业形象	职业形象	穿着得体、大方	3	□发型怪异的，扣0.5分 □佩戴尖锐物的，扣0.5分 □未按要求着装的，扣0.5分 以上累计扣分不超过本项配分，扣完为止	
工量具使用	工具、量具使用规范	无工具、量具落地、设备损坏、零件损坏	5	□工具、量具落地一次扣3分 □工具、设备损坏一次扣3分 以上累计扣分不超过本项配分，扣完为止	

续上表

作业项目	作业流程	作业内容及注意事项	分值	扣分说明	扣分
整理工具	整理工具、量具	清洁并整理工具、量具	6	□未及时清洁并整理工具、量具,发生一次扣1分	
场地5S、文明安全操作	场地清洁、5S,文明安全操作	清洁场地、设备、工具,安全文明生产,无人身伤害事故发生	8	□未清洁场地扣1分 □发生不文明操作一次扣2分 □发生人身伤害事故一次扣4分 以上累计扣分不超过本项配分,扣完为止	
总分			100		

活塞连杆组的拆装与检测操作工单

一、作业内容

按维修规范要求完成:

◆拆卸活塞环;

◆测量活塞环第一道环侧隙、开口端隙;

◆安装活塞连杆组,检查活塞偏缸情况;

◆安装活塞环;

◆安装活塞连杆组;

◆拆卸活塞连杆组;

◆填写作业记录表,计算和确定维修方案。

备注:上面的顺序仅是整个维修需要完成的工作,不是实际的维修作业顺序。

二、作业记录表

项目测量结果	第一缸	第二缸	第三缸	第四缸
侧隙				
开口端隙				
气缸直径				
活塞直径/mm				
配合间隙/mm				
结果判断及处理				

备注:测量值保留小数点后3位,结果判断及处理栏内仅需根据检查结果填写"正常"或"不正常"。

J02-02 气缸盖拆装与检测

1.任务描述

在 60 分钟的规定时间内，完成对气缸盖的拆解、测量与组装，按要求填写记录表单并根据测量结果分析判断零部件好坏。

（1）气缸盖的拆卸；

（2）气缸盖的清洗；

（3）气缸盖的检测；

（4）气缸盖的安装；

（5）填写作业记录表，计算和确定维修方案。

2.实施条件

（1）工位要求

①每个工位要求场地在 15~20 m²，设置 6 个工位；

②每个工位配有 1 m×0.6 m 的工作台；

③每个工位准备三个回收不同类型废料的垃圾桶；

④配有灭火装置、电鼓、气鼓、LED 照明灯。

（2）工具仪器设备清单（每个工位的配置）

序号	工量具名称	型号规格	备注
1	发动机翻转架		
2	橡皮锤		
3	指针式扭力扳手		
4	吹尘枪	S117011	
5	工具车		
6	工作台（带台钳）		
7	刀口尺		
8	塞尺		

（3）辅助材料清单（每个工位的配置）

序号	辅助材料名称	数量	备注
1	抹布	若干	
2	环保型清洗材料	1瓶	
3	气缸盖垫	1	

3. 考核时量

考核时限：60分钟。

4. 评分细则

气缸盖拆装与检测评分标准

考核内容		考核点	评分要点	分值	扣分	得分
作业准备		穿工作服与安全鞋，女性要求戴帽		3		
		发动机信息填写		2		
		发动机翻转架		2		
		检查确认工量具		2		
维修手册的使用		气缸盖的拆卸步骤		2		
		气缸盖的清洁与检查		2		
		气缸盖的装配		2		
		气缸盖螺栓装配力矩		2		
气缸盖拆装与检测	拆卸	拆卸气缸盖螺栓	1.拆卸顺序为由外到内； 2.分两次卸力，第一次90°，第二次180°	8		
		拆下气缸盖	放置在合适的基座上	3		
		拆下气缸盖衬垫		2		
	清洁与检查	清洁气缸盖	气枪清洁	2		
		检查气缸盖衬垫和接合面	是否泄漏、腐蚀或窜气	3		
		检查气缸盖衬垫表面	气门座之间的区域开裂，需更换气缸盖	3		
			各燃烧室周围4毫米区域内有腐蚀，更换气缸盖	3		

续上表

考核内容		考核点	评分要点	分值	扣分	得分
气缸盖拆装与检测	清洁与检查	清洁气缸盖螺栓	更换所有可疑的螺栓	3		
		清洁气缸盖	清除裸露的金属表面上的所有清漆、烟灰和积碳	3		
		清洁螺纹孔	清除残余密封胶	3		
	检测	气缸盖平面度检查	横向与对角平面度误差不超 0.1 mm,纵向不超过 0.05 mm	3		
			要从透光处测量	5		
	安装	清洁密封面		3		
		安装气缸盖衬垫	需更换	4		
		安装气缸盖	安装新的气缸盖螺栓,由内至外坚固,25 N·m+90°+90°+90°+45°	8		
	否决项		造成人身伤害			
作业后整理		清洁发动机台架、工作台并归位		2		
		用过的清洁布等放入垃圾桶		2		
作业规范		流程清楚,方法正确		3		
安全和5S		场地整洁,物品摆放有序,无安全问题		5		
维修工单		按要求填写,记录值准确		15		
合计				100		

气缸盖拆装与检测操作工单

一、气缸盖的拆卸

1.请标注图中气缸盖螺栓的拆卸顺序。

2.简述气缸盖螺栓卸力步骤。

答:

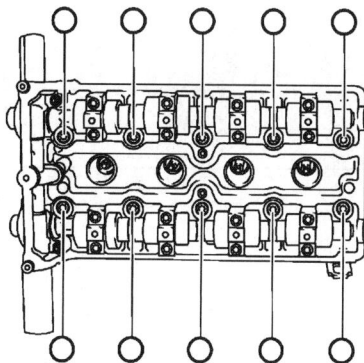

二、气缸盖的清洁与检查

气缸盖检查部位	气缸盖衬垫和接合面	气缸盖衬垫表面	气缸盖螺栓	气缸盖	螺纹孔	处理意见
检查结果						

备注：根据检查结果填写合格"√"或不合格"×"，处理意见：正常打"√"或不正常请写出维修方案。

三、气缸盖的检测

位置号	测量点 1	测量点 2	测量点 3	测量点 4	测量点 5	平面度
纵向 1						
纵向 2						
横向 1						
横向 2						
对角线 1						
对角线 2						

是否可继续使用？　　YES□　　NO□

备注：自己选择测量点个数，测量值如果由于小于 0.02 mm 而测不出来，表内值可以填写小于 0.02 mm。

四、气缸盖的安装

1. 请标注图中气缸盖螺栓的安装顺序。

2. 简述气缸盖螺栓紧固步骤。

答：

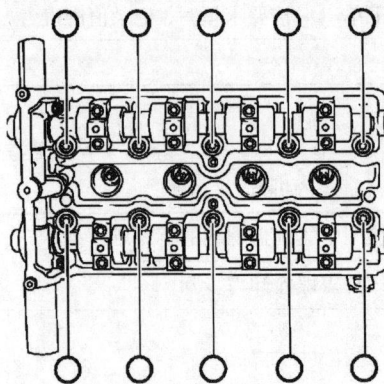

J02-03　气缸磨损检测

1. 任务描述

在 60 分钟的规定时间内，完成对气缸的测量，按要求填写记录表单并根据测量结果分析判断零部件好坏，计算和确定维修方案。

2. 实施条件

（1）工位要求

①每个工位要求场地在 15~20 m^2，设置 6 个工位；

②每个工位配有 1 m×0.6 m 的工作台；

③每个工位准备三个回收不同类型废料的垃圾桶；

④配有灭火装置、电鼓、气鼓、LED 照明灯。

（2）工具仪器设备清单（每个工位的配置）

序号	工量具名称	型号规格	备注
1	发动机翻转架		
2	吹尘枪	S117011	
3	工具车		
4	工作台(带台钳)		
5	量缸表		
6	外径千分尺	75~100 mm	

（3）辅助材料清单（每个工位的配置）

序号	辅助材料名称	数量	备注
1	抹布	若干	
2	环保型清洗材料	1 瓶	

3. 考核时量

考核时限：60 分钟。

4. 评分细则

气缸磨损检测评分标准

考核内容		考核点	评分要点	分值	扣分	得分
作业准备		穿工作服与安全鞋,女性要求戴帽		3		
		发动机信息填写		2		
		发动机翻转架	检查发动机台架牢固度	2		
		检查确认工量具		2		
维修手册的使用		气缸直径标准数据		3		
		气缸圆度标准数据		3		
		气缸圆柱度标准数据		3		
气缸磨损检测	内径尺寸	清洁发动机缸体上平面、气缸筒	使用抹布与气枪清洁发动机缸体上平面、气缸筒	5		
		确定气缸内径基本尺寸	清洁并校准游标卡尺,使用游标卡尺测量气缸内径基本尺寸为 90 mm	5		
	测量	组装气缸内径量表	选择 80~90 mm 长度测量杆,组装内径量表,将千分尺设定为 90 mm,将千分尺夹在台钳上,校准量缸表	20		
		清洁气缸筒内表面	使用抹布或气枪清洁气缸筒内表面	5		
		测量气缸内径	在距离气缸上平面 10 mm、50 mm、100 mm 三个平面,横向、纵向共六个位置测量指定气缸的内径并记录	20		
		否决项	造成人身伤害,量缸表掉落			
作业后整理		清洁发动机台架、工作台并归位		2		
		用过的清洁布等放入垃圾桶		2		
作业规范		流程清楚,方法正确		3		
安全和 5S		场地整洁,物品摆放有序,无安全问题		5		
维修工单		按要求填写,记录值准确		15		
合计				100		

气缸磨损检测操作工单

一、测量前准备

千分尺校正前读数		量缸表测量杆长度	
圆度标准值		圆柱度标准值	

二、气缸孔(1 缸)测量记录表

测量值(A 横向、B 纵向)				圆度	圆柱度
位置 1(上部)	A1 横向上		B1 纵向上		
位置 2(中部)	A2 横向中		B2 纵向中		
位置 3(下部)	A3 横向下		B3 纵向下		
是否可继续使用? YES□ NO□					

三、气缸孔(2 缸)测量记录表

测量值(A 横向、B 纵向)				圆度	圆柱度
位置 1(上部)	A1 横向上		B1 纵向上		
位置 2(中部)	A2 横向中		B2 纵向中		
位置 3(下部)	A3 横向下		B3 纵向下		
是否可继续使用? YES□ NO□					

四、气缸孔(3 缸)测量记录表

测量值(A 横向、B 纵向)				圆度	圆柱度
位置 1(上部)	A1 横向上		B1 纵向上		
位置 2(中部)	A2 横向中		B2 纵向中		
位置 3(下部)	A3 横向下		B3 纵向下		
是否可继续使用? YES□ NO□					

五、气缸孔(4 缸)测量记录表

测量值(A 横向、B 纵向)				圆度	圆柱度
位置 1(上部)	A1 横向上		B1 纵向上		
位置 2(中部)	A2 横向中		B2 纵向中		
位置 3(下部)	A3 横向下		B3 纵向下		
是否可继续使用? YES□ NO□					

J02-04 曲轴拆装与检测

1. 任务描述

在 60 分钟的规定时间内，完成对曲轴的拆装与测量，按要求填写记录表单并根据测量结果分析判断零部件好坏。

(1) 测量曲轴轴向间隙；

(2) 拆卸、测量、组装曲轴和曲轴主轴承；

(3) 测量曲轴不圆度；

(4) 测量曲轴主轴承间隙（用塑料间隙规）；

(5) 填写作业记录表，计算和确定维修方案。

2. 实施条件

(1) 工位要求

①每个工位要求场地在 15~20 m²，设置 6 个工位；

②每个工位配有 1 m×0.6 m 的工作台；

③每个工位准备三个回收不同类型废料的垃圾桶；

④配有灭火装置、电鼓、气鼓、LED 照明灯。

(2) 工具仪器设备清单（每个工位的配置）

序号	工量具名称	型号规格	备注
1	发动机翻转架		
2	吹尘枪	S117011	
3	工具车		
4	工作台（带台钳）		
5	外径千分尺	75~100 mm	
6	扭力扳手	5~25 N·m	
7	角度测量仪		
8	指针式扭力扳手		
9	带磁体支架百分表	活动测量杆需要大于 45 mm	
10	工具套装	150 件	

(3)辅助材料清单(每个工位的配置)

序号	辅助材料名称	数量	备注
1	抹布	若干	
2	环保型清洗材料	1瓶	
3	塑料间隙规 0.025~0.175 mm	1盒	
4	吸油纸	若干	

3. 考核时量

考核时限：60分钟。

4. 评分细则

曲轴拆装与检测评分标准

考核内容		考核点	评分要点	分值	扣分	得分
作业准备		穿工作服与安全鞋,女性要求戴帽		3		
		发动机信息填写		2		
		发动机翻转架	检查发动机台架牢固度	2		
		检查确认工量具		2		
维修手册的使用		曲轴和轴承的拆卸		1		
		曲轴轴向间隙;曲轴不圆度;曲轴主轴承间隙;轴颈直径		4		
		曲轴和轴承的清洁和检查		1		
		曲轴和轴承的安装		1		
曲轴拆装与检测	测量曲轴轴向间隙	检查曲轴转动灵活性	使用活动扳手或套筒扳手,转动发动机曲轴,检查曲轴转动无卡滞	3		
		清洁发动机曲轴前端面	使用抹布或气枪清洁发动机曲轴前端面	2		
		安装百分表	检查百分表指针是否转动灵活无卡滞,组装磁力百分表座,将百分表座吸附到发动机缸体前端	3		
		测量曲轴轴向间隙	使用缠胶带的一字螺丝刀,在第三道主轴承盖前后撬动曲轴,观察百分表数值,记录测量值	3		
		拆卸百分表	将磁性百分表座从缸体前端拆下	2		

续上表

考核内容	考核点		评分要点	分值	扣分	得分
曲轴拆装与检测	测量曲轴不圆度	拆卸曲轴主轴承螺栓	使用指针扳手，E16套筒，分两次按顺序松开5道主轴承盖螺栓	2		
		取下5道主轴承盖	前后、左右晃动螺栓，取下1到5道主轴承盖，并放置到工作台上	2		
		清洁第三道曲轴主轴颈表面	使用抹布或气枪清洁第三道主轴颈表面	2		
		安装百分表	将磁性百分表座吸附到缸体下平面上，表头触针垂于曲轴轴颈，调整百分表压缩1 mm左右，表头调零	3		
		测量并记录曲轴不圆度	转动曲轴，同时读取并记录曲轴不圆度	3		
		拆下百分表	将磁性百分表座从缸体平面拆下并归位	2		
	测量曲轴主轴承间隙	清洁曲轴测量表面	使用抹布或气枪清洁曲轴测量表面	2		
		放置塑料间隙规	选取合适长度塑料间隙规，平行放置在曲轴表面	2		
		安装1到5道主轴承盖	清洁主轴承盖内表面，将1到5道主轴承盖安装到缸体上，用手旋入10个固定螺栓	3		
		紧固主轴承盖螺栓	分别使用预置式与指针式扭力扳手、角度规，分两次紧固螺栓。第一次：20 N·m 第二次：35°	3		
		松开并取下5道主轴承盖	使用指针扳手、E16套筒，分两次按顺序松开5道主轴承盖螺栓	3		
			前后、左右晃动螺栓，取下1到5道主轴承盖，并放置到工作台上	2		
		测量主轴承间隙	测量并记录曲轴主轴承间隙	3		
	测量曲轴轴颈	测量5道曲轴轴颈直径	避开油道	3		
	安装主轴承盖	安装1到5道主轴承盖	清洁主轴承盖内表面，在轴承盖轴承内表面涂抹润滑油，将1到5道主轴承盖安装到缸体上，用手旋入10个固定螺栓	3		
		紧固主轴承盖螺栓	分别使用预置式与指针式扭力扳手，分两次紧固螺栓。第一次：20 N·m 第二次：35°	3		
	确认曲轴转动灵活性		转动曲轴，检查曲轴是否转动灵活、无卡滞	2		
	恢复发动机缸体位置		转动发动机台架手柄，将发动机缸体调整至上平面朝上位置	1		
	否决项		造成人身伤害，曲轴从台架上掉落			

续上表

考核内容	考核点	评分要点	分值	扣分	得分
作业后整理	清洁发动机台架、工作台并归位		2		
	用过的清洁布等放入垃圾桶		2		
作业规范	流程清楚，方法正确		3		
安全和 5S	场地整洁，物品摆放有序，无安全问题		5		
维修工单	按要求填写，记录值准确		15		
合计			100		

曲轴拆装与检测操作工单

一、维修内容

按维修规范要求完成：

◆发动机曲柄连杆机构的拆检、检查、组装；

◆测量检查曲轴轴向间隙；

◆测量检查曲轴不圆度（第三道曲轴主轴承轴颈处）；

◆测量检查曲轴主轴承间隙（用塑料线间隙规）；

◆填写"曲轴检查维修记录表"，计算和确定修理尺寸。

备注：上面的顺序仅是整个维修需要完成的工作，不是实际的维修作业顺序。

二、维修记录单

1. 曲轴轴向间隙

测量及结果　　　　项目	曲轴轴向间隙
测量值/mm	
结果判断及处理	

备注：测量值保留小数点后 3 位；结果判断及处理栏内仅需根据检查结果填写"正常"或"不正常"。

2. 曲轴不圆度

测量及结果　　　　项目	曲轴不圆度
测量值/mm	
结果判断及处理	

备注：测量值保留小数点后 3 位；结果判断及处理栏内仅需根据检查结果填写"正常"或"不正常"。

3. 曲轴主轴承间隙(用塑料线间隙规)

测量及结果 ＼ 项目	第一道主轴承	第二道主轴承	第三道主轴承	第四道主轴承	第五道主轴承
曲轴主轴颈外观检查					
曲轴主轴承间隙(mm)					
曲轴轴颈Ⅰ(mm)					
曲轴轴颈Ⅱ(mm)					
曲轴轴颈(mm)					
结果判断及处理					

备注：测量曲轴主轴承间隙(测量表中已标注数据的曲轴主轴承间隙无须测量)；查询维修手册的标准曲轴主轴承间隙，确定维修方案(如果曲轴主轴承间隙测量结果符合标准，无须测量曲轴轴颈，"结果判断及处理"栏内填"正常"；如果曲轴主轴承间隙测量结果不符合标准，需测量曲轴轴颈，并提出维修方案)。

J02-05 气门机构拆装与检测

1.任务描述

在 60 分钟的规定时间内，按照维修手册要求对发动机气门机构进行拆卸、检查、测量和装配，按要求填写检查测量记录表，并根据测量结果进行分析，做出零件好坏及维修方案的判断。重点考核拆装工艺、工量具选择与使用、零部件检查及测量、作业规范及安全。

(1)拆卸进、排气凸轮轴；

(2)拆卸全部进、排气门挺柱；

(3)拆卸指定的某一个气缸的全部进气门和排气门组件；

(4)对该气缸(两组四个进、排气门)中指定的一组进、排气门进行：①外观检查；②进、排气门的长度测量；③进、排气门头部的直径测量；④进、排气门锥面上的接触面宽度测量；⑤气缸盖上该组进、排气门座的接触面宽度测量(使用红印油检测)；⑥气门与气门座接触面的位置检查检测；⑦该组进、排气门对气门座的同心度检查；

(5)清洁零部件；

(6)更换气门油封；

(7)装配进、排气门组；

(8)装配进、排气凸轮轴；

(9)清洁整理打扫工位；

(10)填写作业记录表和维修工单，计算和确定维修方案。

2.实施条件

(1)工位要求

①每个工位要求场地在 15~20 m²，设置 6 个工位；

②每个工位配有 1 m×0.6 m 的工作台；

③每个工位准备三个回收不同类型废料的垃圾桶；

④配有灭火装置、电鼓、气鼓、LED 照明灯。

(2)工具仪器设备清单(每个工位的配置)

序号	工具名称	型号规格	数量	备注
1	扭力扳手	5~25 N·m	1套	
		0~5 N·m	1套	
2	橡皮锤		1把	
3	套装工具	09510(150件组套)	1套	
4	吹尘枪	S117011	1把	
5	磁铁软棒	64104	1把	
6	护目镜		1副	拆装气门弹簧、锁片时用
7	头戴式LDE灯		1个	观察气门接触面时用
8	科鲁兹配气机构拆装专用工具	JTC-5999	1套	

序号	量具名称	型号规格	数量	备注
1	外径千分尺	25~50 mm	1把	
2	钢板尺	0~100 mm(0.5 mm)	1把	
3	游标卡尺	0~150 mm(0.02 mm)	1把	
4	高度尺	0.00~150.00 mm(200 mm)	1把	
5	测量平台		1个	

序号	设备名称	型号规格	数量	备注
1	工作台	1600 mm×800 mm×800 mm	1个	
2	气缸盖(含进、排气凸轮轴和气门组)总成	科鲁兹1.6L发动机	1套	
3	发动机翻转架及气缸盖辅助连接板	同上	1套	
4	气门机构零件定位摆放板		1个	放在油盆内
5	油盆		1个	
6	垃圾桶		3个	
7	墩布		1把	
8	科鲁兹1.6L(LDE)发动机维修包或气门油封套件		1套	每个工位每次更换一个气缸的四个气门油封(循环使用)

（3）辅助材料清单（每个工位的配置）

序号	配件辅料名称	型号规格	数量	备注
1	吸油纸		10 张	
2	抹布		10 块	
3	机油	4L	1 桶	
4	红印油（英雄牌）		1 盒	

3.考核时量

考核时限：60 分钟。

4.评分细则

气门机构拆装与检测评分标准

考核内容		考核点	评分要点	分值	扣分	得分
作业准备		穿工作服与安全鞋，女性要求戴帽		3		
		发动机信息填写		2		
		发动机翻转架	检查发动机台架牢固度	2		
		检查确认工量具		2		
维修手册的使用		凸轮轴拆卸与安装		2		
		气门的拆卸与安装		2		
		确认气门长度标准值		1		
		确认气门头部直径标准值		1		
		确认气门接触面、气缸盖面标准值		1		
气门机构拆装检测	拆卸凸轮轴及轴承盖	按照拆卸顺序松开第一道凸轮轴轴承盖螺栓	使用合适的工具分两次拧松 1 号凸轮轴轴承盖螺栓。拆下 4 颗螺栓后用塑料锤轻敲松开凸轮轴轴承盖并将其拆下，敲打时用手扶住防止掉落	3		
		检查进、排气凸轮轴轴承盖标记	检查确认进、排气凸轮轴轴承盖标记是否正确；确认配气凸轮正时（注意尾部缺口朝上，一缸凸圆朝外）	2		
		按照拆卸顺序松开排气凸轮轴轴承盖螺栓，取下排气凸轮轴，放置到工作台托架上	确认排气凸轮轴轴承盖标记。使用合适工具以 1\2 至 1 圈的增量由外到内螺旋式一次拧松 4 个排气门凸轮轴轴承盖螺栓。拆下 4 个排气凸轮轴轴承盖螺栓，注意螺栓不能互换。从气缸盖上拆下 4 个排气凸轮轴承盖 6 至 9，并依次摆放至工作台上（零件盆中）。取下排气凸轮轴并摆放到凸轮轴专用支架上，注意轻拿轻放	3		

续上表

考核内容		考核点	评分要点	分值	扣分	得分
气门机构拆装检测	拆卸凸轮轴及轴承盖	按照拆卸顺序松开进气凸轮轴轴承盖螺栓,取下进气凸轮轴,放置到工作台托架上	确认进气凸轮轴轴承盖标记。用合适工具以1\2至1圈的增量由外到内螺旋式一次拧松4个进气门凸轮轴轴承盖螺栓。拆下4个进气凸轮轴轴承盖螺栓,注意螺栓不能互换。从气缸盖上拆下4个进气凸轮轴轴承盖2至5,并依此摆放至工作台上(零件盆中)。取下进气凸轮轴并摆放到凸轮轴专用支架上,注意轻拿轻放	3		
	拆卸气门挺柱	拆卸气门挺柱	使用专用磁铁棒逐一拆下进、排气门挺柱,并在零部件板上按照规定位置摆放	2		
	拆卸指定的某一气缸的全部进、排气门组	使用专用工具释放松开气门座圈拆卸该气缸的全部进、排气门组	按照手册要求佩戴护目镜(含眼镜),使用专用释放工具,用橡胶锤短暂敲击气门座圈,松开该气门所有气门座圈	2		
			一、拆卸气门锁片 安装气门拆卸工具压缩气门弹簧,气门压缩钳和压头确认安装到位。压缩气门弹簧,压缩过程需与气门弹簧受力方向一致,使用专用工具拆下气门锁片 二、拆下指定缸的气门弹簧座圈、气门弹簧和气门 取下气门弹簧座圈; 取下气门弹簧; 取出气门,拆卸时在气门头部做标记,气门不可互换; 按对应位置摆放气门锁片、气门弹簧座圈、气门弹簧和气门 三、取下气门油封 使用专用工具(油封钳)松开指定气门油封,并从气门导管上拆下	4		
		零件清洁与检查	清洁气门导管、清洁气门、清洁气门弹簧、清洁气门锁片、清洁气门弹簧座圈、清洁凸轮轴、清洁凸轮轴轴承盖、清洁凸轮轴轴承盖螺栓、清洁气缸盖、清洁轴承盖安装孔、清洁气门挺柱、清洁气门座	3		

续上表

考核内容		考核点	评分要点	分值	扣分	得分
气门机构拆装检测	检查测量该气缸中指定的某一组（前或后）进、排气门	进、排气门外观检查	气门座部位(锥面)点蚀、气门余量厚度、气门杆弯曲、气门杆点蚀或磨损、气门锁片槽磨损、气门杆顶端磨损	3		
		进、排气门长度测量	使用高度尺在平台上测量	2		
		进、排气门头部直径测量	外径千分尺测量，千分尺校零，测量气门头部直径，隔90°再测一次	3		
		进、排气门座接触面宽度测量	使用吸油纸清洁气门座表面，将红印油轻轻涂于气门锥面上。将气门安装到气缸盖上。用足够的压力抵着气门座转动气门，以磨去染料。将气门从气缸盖上拆下，使用头灯照明，用适当的标尺(建议使用直尺)测量气缸盖中的带红印油痕迹的气门接触面宽度	3		
		进、排气门锥面接触面宽度测量	使用吸油纸清洁气门锥面的印油痕迹，将气门再次插入气门导管，用足够的压力抵着气门座转动气门，以磨去染料。再次拆下气门，观察气门锥面上的红印油痕迹。用适当的标尺在气门锥面上测量气门锥面上的接触面宽度	3		
		前排气门与气门座的同心度检查	检查气门座锥面上红印油痕迹的连续性。检查气门锥面红印油印痕的连续性。如果气门座锥面和气门杆是同心的，从而提供正确的密封，则围绕整个锥面的印痕会是连续的	3		
		气门锥面上气门与气门座接触面的位置检查	测量气门锥面染料印痕与气门外径的余量。染料磨去印痕至少要距离气门外径(余量)0.5 mm。如果染料磨去印痕离余量太近，必须修整气门座以使接触面离开余量	3		
	清洁零部件		使用气枪或吸油纸清洁全部零配件，包括进排气凸轮轴、凸轮轴轴承盖和螺栓以及气门零件板上的全部零件	2		

续上表

考核内容	考核点	评分要点	分值	扣分	得分
气门机构拆装检测	装配指定的某一气缸的全部进排气门组	装配该气缸气门油封	用机油润滑油封，选择合适的专用工具将四个气门油封装入气门导管头部	2		
		装配该气缸的全部进、排气门组件	佩戴护目镜(含眼镜)。用机油润滑该缸四个气门杆端部，并把它们插入气门导管中，正确使用气门拆装专用工具装配该气缸的全部进、排气门组件。安装气门拆卸工具压缩气门弹簧，气门压缩钳和压头确认安装到位。压缩气门弹簧，压缩过程需与气门弹簧受力方向一致	2		
	安装凸轮轴	润滑装配气门挺柱	润滑气门挺柱外表面或座孔，用专用(磁棒)工具逐一装入气门挺柱	2		
		安装进气凸轮轴，按照装配顺序紧固进气凸轮轴轴承盖螺栓	清洁轴承座螺栓孔和轴承座，润滑轴承座。正确地安装进气侧凸轮轴(注意尾部缺口朝上，一缸凸圆朝外)，按照4个进气凸轮轴轴承盖2~5号(注意凸轮轴轴承盖编号不要错误)确认凸轮轴轴承盖上的识别标记；手动旋转螺栓一圈以上使其正确进入螺栓孔；使用棘轮扳手按规定顺序预紧；使用预制式扭力扳手按规定顺序上紧力矩至8 N·m	3		
		安装排气凸轮轴，按照装配顺序紧固排气凸轮轴轴承盖螺栓	清洁轴承座螺栓孔和轴承座，润滑轴承座。正确地安装排气侧凸轮轴(注意尾部缺口朝上，一缸凸圆朝外)，按照4个排气凸轮轴轴承盖6~9号(注意凸轮轴轴承盖编号不要错误)确认凸轮轴轴承盖上的识别标记；手动旋转螺栓一圈以上使其正确进入螺栓孔；使用棘轮扳手按规定顺序预紧；使用预制式扭力扳手按规定顺序上紧力矩至8 N·m	2		
		安装1号凸轮轴轴承盖	安装1号凸轮轴轴承盖(在密封面薄而均匀地涂抹表面密封胶)；手动旋转螺栓一圈以上使其正确进入螺栓孔；使用预制式扭力扳手按规定顺序分两次上紧力矩(2 N·m+8 N·m)	2		
	否决项		未拆下指定气缸的气门而拆下其他缸气门			
作业后整理	清洁发动机台架、工作台、工具量具和专用工具并归位			2		
	用过的清洁布等放入垃圾桶			2		
作业规范	流程清楚，方法正确			3		
安全和5S	场地整洁，物品摆放有序，无安全问题			5		
维修工单	按要求填写，记录值准确			15		
合计				100		

气门机构拆装与检测操作工单

一、维修内容

按维修规范要求完成：

◆ 进、排气凸轮轴拆卸、组装；

◆ 全部气门挺柱的拆卸、组装；

◆ 对指定的一个气缸的两组进、排气门进行拆卸、组装；

◆ 对该气缸两组进、排气门中指定的一组进、排气门进行下列项目的检测：

　　◇ 进、排气门外观目视检查；　　　　◇ 进、排气门的长度测量；

　　◇ 进、排气门头部的直径测量；　　　◇ 进、排气门锥面上的接触面宽度的测量；

　　◇气缸盖上该组进、排气门座的接触面宽度测量；

　　◇该组进、排气门对气门座的同心度检查；◇气门锥面上与气门座接触面的位置检查。

◆ 填写维修记录表。

注：上面的顺序仅是整个维修需要完成的工作，不是实际的维修作业顺序。

二、维修记录单

1. 气门外观目视检查

检查部位＼气门	座部位点蚀	头部余量厚度	杆部弯曲	杆部点蚀磨损	锁片槽磨损	杆顶端磨损	处理意见
进气门							
排气门							

注：根据检查结果填写合格"√"或不合格"×"，处理意见：正常打"√"或不正常请写出维修方案。

2. 气门长度检测　　　误差值：

测量及结果＼项目	进气门	排气门
测量值/mm		
结果判断及处理		

3. 气门头部直径检测　　　误差值：

测量及结果＼项目	进气门	排气门
测量值/mm		
结果判断及处理		

注：表2测量值保留小数点后2位；表3测量值保留小数点后3位；"结果判断及处理"栏内根据检查结果填写，如果正常填写"正常"，如果不正常给出维修方案(维修、更换、调整)。

4. 气门锥面上的接触面宽度

测量及结果　　　　　　　　项目	进气门	排气门
测量值/mm		
结果判断及处理		

5. 气门座的接触面宽度测量

测量及结果　　　　　　　　项目	进气门	排气门
测量值/mm		
结果判断及处理		

注：测量值保留不少于小数点后1位（根据使用量具而定）；"结果判断及处理"栏内根据检查结果填写，如果正常填写"正常"，如果不正常给出维修方案（维修、更换、调整）。

6. 进、排气门对气门座的同心度检查

测量及结果　　　　　　　　项目	进气门	排气门
检查情况		
结果判断及处理		

7. 气门锥面位置检查

测量及结果　　　　　　　　项目	进气门	排气门
检查情况		
结果判断及处理		

注："结果判断及处理"栏内填写，如果正常填写"正常"，如果不正常给出维修方案（维修、更换、调整）。

J02-06　气门间隙的检测与调整

1.任务描述

在 60 分钟的规定时间内,按照维修手册要求,检查测量所有气缸的气门间隙并记录;根据裁判给定的某气门的间隙和挺柱尺寸,按照手册规定的标准间隙,查表计算和确定应使用的气门挺柱标记号和配件号。

(1)检测 2 缸进气门和 3 缸排气门间隙;

(2)检测 1 缸进气门和 4 缸排气门间隙;

(3)检测 3 缸进气门和 2 缸排气门间隙;

(4)检测 4 缸进气门和 1 缸排气门间隙;

(5)根据作业表提供的实际厚度值计算新挺杆厚度;

(6)填写作业记录表和维修工单,计算和确定维修方案。

2.实施条件

(1)工位要求

①每个工位要求场地在 15~20 m^2,设置 6 个工位;

②每个工位配有 1 m×0.6 m 的工作台;

③每个工位准备三个回收不同类型废料的垃圾桶;

④配有灭火装置、电鼓、气鼓、LED 照明灯。

(2)工具仪器设备清单(每个工位的配置)

序号	工具名称	型号规格	数量	备注
1	橡皮锤		1 把	
2	常用工具	09510(150 件组套,内含 T40/E10/E20 等)	1 套	
3	开口扳手	24 mm(薄的)	1 把	
4	世达起子套装(十字和一字各 3 把)	09309	1 套	

序号	量具名称	型号规格	数量	备注
1	塞尺	09407　0.02~1.00 mm	1 套	

87

续上表

序号	量具名称	型号规格	数量	备注
2	游标卡尺	300 mm （测量内、外径部分均为刀口）	1个	
3	钢板尺	300 mm	1把	

序号	设备名称	型号规格	数量	备注
1	工具车		1套	
2	工作台(带台钳)		1套	
3	科鲁兹1.6L发动机 （LDE)及翻转架		1套	

（3）辅助材料清单（每个工位的配置）

序号	配件辅料名称	型号规格	数量	备注
1	毛刷		1个	
2	抹布		若干	
3	零件盒	长×宽×高：500 mm ×350 mm×100 mm	1个	
4	吸油纸		若干	

3. 考核时量

考核时限：60分钟。

4. 评分细则

气门间隙的检测与调整评分标准

考核内容	考核点	评分要点	分值	扣分	得分
作业准备	穿工作服与安全鞋，女性要求戴帽		3		
	发动机信息填写		2		
	发动机翻转架	检查发动机台架牢固度	2		
	检查确认工量具		2		
维修手册的使用	气门间隙的调整步骤		2		
	进气门-气门间隙标准值		2		
	排气门-气门间隙标准值		2		

续上表

考核内容		考核点	评分要点	分值	扣分	得分
气门间隙的检测与调整	2缸进气门和3缸排气门间隙检测	旋转曲轴扭转减振器紧固螺栓,使用塞尺检查气门间隙并记下结果	直到标记与气缸1在压缩上止点处对齐	12		
	1缸进气门和4缸排气门间隙检测	通过曲轴扭转减振器螺栓将曲轴沿发动机旋转方向转动180°。使用塞尺世达09407检查气门间隙,记下结果	使1缸进气侧凸轮和4缸排气侧凸轮以一定角度指向上方	12		
	3缸进气门和2缸排气门间隙检测	通过曲轴扭转减振器螺栓将曲轴沿发动机旋转方向转动180°。使用塞尺世达09407检查气门间隙,记下结果	使3缸进气侧凸轮和2缸排气侧凸轮以一定角度指向上方	12		
	4缸进气门和1缸排气门间隙检测	通过曲轴扭转减振器螺栓将曲轴沿发动机旋转方向转动180°。使用塞尺世达09407检查气门间隙,记下结果	使4缸进气侧凸轮和1缸排气侧凸轮以一定角度指向上方	12		
		根据作业表提供的实际厚度值计算新挺杆厚度	新挺杆厚度=测量气门间隙值+实际厚度值−标准气门间隙	10		
	否决项	未在对应的曲轴位置下测量气门间隙				
作业后整理		清洁发动机台架、工作台、工具量具和专用工具并归位		2		
		用过的清洁布等放入垃圾桶		2		
作业规范		流程清楚,方法正确		3		
安全和5S		场地整洁,物品摆放有序,无安全问题		5		
维修工单		按要求填写,记录值准确		15		
合计				100		

气门间隙的检测与调整操作工单

一、作业内容

按作业规范要求完成:

◆检测2缸进气门和3缸排气门间隙;

◆检测1缸进气门和4缸排气门间隙;

◆检测3缸进气门和2缸排气门间隙;

◆检测4缸进气门和1缸排气门间隙;

◆根据作业表提供的实际厚度值计算新挺杆厚度;

◆填写作业记录表和维修工单,计算和确定维修方案。

二、作业记录单

◆测量气缸 1 进气侧、气缸 2 排气侧、气缸 3 排气侧和气缸 4 进气侧气门间隙。

所有发动机上已安装的所有气门挺柱均为标记号：27X　尺寸：3.258 mm

◆查询维修手册的标准气门间隙，经过查表计算求出需要更换的气门挺柱配件号（如果测量结果符合标准，在气门挺柱配件号栏内填"正常"）。

项目 测量及结果	1缸1号进气门	1缸2号进气门	1缸1号排气门	1缸2号排气门
测量值				
气门挺柱配件号				
项目 测量及结果	2缸1号进气门	2缸2号进气门	2缸1号排气门	2缸2号排气门
测量值				
气门挺柱配件号				
项目 测量及结果	3缸1号进气门	3缸2号进气门	3缸1号排气门	3缸2号排气门
测量值				
气门挺柱配件号				
项目 测量及结果	4缸1号进气门	4缸2号进气门	4缸1号排气门	4缸2号排气门
测量值				
气门挺柱配件号				

科鲁兹 1.6L（LDE）气门挺杆配件选配表

尺寸	配件号
气门挺杆（标记号：08，尺寸：3.070~3.090）	24438041
气门挺杆（标记号：12，尺寸：3.110~3.130）	24438146
气门挺杆（标记号：14，尺寸：3.130~3.150）	24438147
气门挺杆（标记号：16，尺寸：3.150~3.170）	24438148
气门挺杆（标记号：20，尺寸：3.190~3.210）	24438150
气门挺杆（标记号：04，尺寸：3.030~3.050）	24465260
气门挺杆（标记号：24X，尺寸：3.230~3.244）	55353764
气门挺杆（标记号：27X，尺寸：3.258~3.272）	55353766
气门挺杆（标记号：30X，尺寸：3.286~3.300）	55353768
气门挺杆（标记号：32X，尺寸：3.314~3.328）	55353770

续上表

尺寸	配件号
气门挺杆(标记号：35X，尺寸：3.342~3.356)	55353772
气门挺杆(标记号：38X，尺寸：3.370~3.384)	55353774
气门挺杆(标记号：41X，尺寸：3.398~3.412)	55353776
气门挺杆(标记号：43X，尺寸：3.426~3.440)	55353778
气门挺杆(标记号：47，尺寸：3.460~3.480)	55353780
气门挺杆(标记号：51，尺寸：3.500~3.520)	55353782
气门挺杆(标记号：55，尺寸：3.540~3.560)	55353784
气门挺杆(标记号：59，尺寸：3.580~3.600)	55353786

J02-07 配气正时机构拆装与检查(皮带)

1.任务描述

在 60 分钟的规定时间内,按照维修手册要求,对指定的配气机构进行正时皮带的检查与更换,重点考核拆装工艺、零件清洁、工量具使用、零部件检查、作业规范及安全。

(1)空气滤清器总成的拆卸与安装;

(2)正时皮带前上盖的拆卸与安装;

(3)前舱防溅罩的拆卸与安装;

(4)传动皮带张紧器的拆卸与安装;

(5)曲轴平衡器的拆卸与安装;

(6)正时皮带下盖的拆卸与安装;

(7)正时皮带的拆卸与更换。

2.实施条件

(1)工位要求

①每个工位要求场地在 15~20 m²,设置 6 个工位;

②每个工位配有 1 m×0.6 m 的工作台;

③每个工位准备三个回收不同类型废料的垃圾桶;

④配有灭火装置、电鼓、气鼓、LED 照明灯。

(2)工具仪器设备清单(每个工位的配置)

序号	工具名称	型号规格	数量	备注
1	扭力扳手	96212　5~25 N·m	1 套	
2	扭力扳手	96311　20~100 N·m	1 套	
3	扭力扳手	96312　40~200 N·m	1 套	
4	橡皮锤		1 把	
5	常用工具	09510　(150 件组套,内含 T40/E10/E20 等)	1 套	
6	飞轮锁止工具	专用工具 EN6625 及配套螺栓	1 套	
7	凸轮轴锁止工具	专用工具 EN6628-A	1 套	
8	插销	专用工具 EN6333	1 根	

续上表

序号	工具名称	型号规格	数量	备注
9	角度测量仪		1 套	
10	开口扳手	24 mm(薄的)	1 把	
11	世达起子套装 (十字和一字各 3 把)	09309	1 套	

序号	量具名称	型号规格	数量	备注
1	游标卡尺	300 mm(测量内、 外径部分均为刀口)	1 把	
2	钢板尺	300 mm	1 把	

序号	设备名称	型号规格	数量	备注
1	工具车		1 套	
2	工作台(带台钳)	长×宽×高: 1600 mm×800 mm×800 mm	1 套	
3	科鲁兹 1.6L 发动机 (LDE)及翻转架		1 套	

(3)辅助材料清单(每个工位的配置)

序号	配件辅料名称	型号规格	数量	备注
1	毛刷		1 个	
2	抹布		3 块	
3	零件盒	长×宽×高:500 mm ×350 mm×100 mm	1 个	
4	正时皮带		1 根	
5	张紧轮及张紧轮螺栓		1 套	
6	曲轴链轮螺栓		1 根	

3.考核时量

考核时限:60 分钟。

4.评分细则

93

配气正时机构拆装与检查评分标准

考核内容	考核点	评分要点	分值	扣分	得分
作业准备	穿工作服与安全鞋，女性要求戴帽		3		
	发动机信息填写		1		
	发动机翻转架	检查发动机台架牢固度	1		
	检查确认工量具		1		
维修手册的使用	正时皮带更换步骤		1		
	正时皮带张紧器螺栓紧固标准值		1		
	正时皮带下盖螺栓紧固标准值		1		
	曲轴平衡器紧固标准值		1		
配气正时机构拆装与检查作业	拆下空气滤清器总成		2		
	拆下正时皮带前上盖		2		
	举升并支撑车辆		1		
	拆下前舱防溅罩		2		
	拆下传动皮带张紧器		2		
	将发动机设置到上止点	在发动机旋转至燃烧行程的气缸1上止点的方向设置曲轴平衡器	2		
	安装EN-6625锁止装置和螺栓以封住曲轴		2		
	拆下曲轴平衡器螺栓		2		
	拆下曲轴平衡器		2		
	拆下正时皮带下盖		2		
	完全降下车辆		2		
	将EN-6340锁止工具安装至凸轮轴位置执行器调节器		2		
	举升车辆		1		
	松开正时皮带张紧器螺栓	使用Allen钥匙，沿箭头所指方向向正时皮带张紧器施加张紧力	2		
	拆下正时皮带	记录皮带的方向	2		
	安装正时皮带		2		
	引导正时皮带穿过张紧器并将其放置到曲轴链轮上		2		
	将正时皮带放置到排气和进气凸轮轴位置执行器调节器上		2		

续上表

考核内容	考核点	评分要点	分值	扣分	得分
配气正时机构拆装与检查作业	举升车辆		1		
	使用 Allen 钥匙，沿箭头所指方向向正时皮带张紧器施加张紧力	正时皮带张紧器将自动移至正确位置	2		
	紧固正时皮带张紧器螺栓	20 N·m	2		
	拆下 EN－6625 锁止装置		2		
	降下车辆		1		
	正时检查		2		
	拆下 EN－6340 锁止工具		2		
	完全举升车辆	正时皮带主动齿轮与机油泵壳体必须对准	2		
	控制曲轴平衡器位置		2		
	安装 EN－6625 锁止装置和螺栓以封住曲轴		2		
	安装正时皮带下盖		2		
	安装 4 个正时皮带下盖螺栓	紧固至 6 N·m	2		
	安装曲轴平衡器	用EN-45059 传感器组件分 3 次安装和紧固曲轴平衡器螺栓，95 N·m+45°+15°	2		
	拆下 EN－6625 锁止装置		1		
	安装传动皮带张紧器		1		
	安装前舱防溅罩		1		
	安装正时皮带前上盖	降下车辆	1		
	安装空气滤清器总成		1		
否决项	安装完后，存在正时错齿现象				
作业后整理	清洁发动机台架、工作台、工具量具和专用工具并归位		2		
	用过的清洁布等放入垃圾桶		2		
作业规范	流程清楚，方法正确		3		
安全和 5S	场地整洁，物品摆放有序，无安全问题		5		
维修工单	按要求填写，记录值准确		15		
合计			100		

配气正时机构拆装与检查操作工单

一、作业内容

按作业规范要求完成：

◆空气滤清器总成的拆卸与安装；

◆正时皮带前上盖的拆卸与安装；

◆前舱防溅罩的拆卸与安装；

◆传动皮带张紧器的拆卸与安装；

◆曲轴平衡器的拆卸与安装；

◆正时皮带下盖的拆卸与安装；

◆正时皮带的拆卸与更换。

二、作业记录单

1. 请查询维修手册，填写以下螺栓紧固力矩

名称	紧固标准值
正时皮带张紧器螺栓	
正时皮带下盖螺栓	
曲轴平衡器	

2. 图中所示专用工具的名称与作用是什么？

名称：

作用：

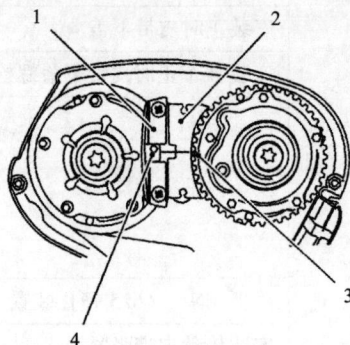

3. 图中所示对齐标记的作用是什么？

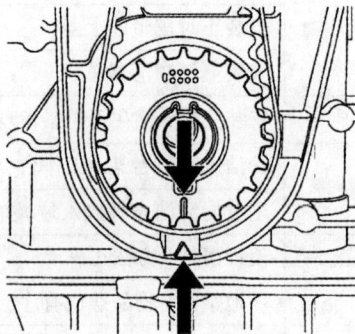

J02-08　配气正时机构拆装、测量与检查(链条)

1.任务描述

在 60 分钟的规定时间内,按照维修手册要求,对指定的配气机构进行正时的拆装、测量与检查,重点考核拆装工艺、零件清洁、工量具使用、零部件检查、作业规范及安全。

(1)拆卸正时链条盖和链条;

(2)测量正时链条、曲轴和凸轮轴正时齿轮;

(3)VVT-i 执行器检查;

(4)安装正时链条和链条盖。

2.实施条件

(1)工位要求

①每个工位要求场地在 15~20 m²,设置 6 个工位;

②每个工位配有 1 m×0.6 m 的工作台;

③每个工位准备三个回收不同类型废料的垃圾桶;

④配有灭火装置、电鼓、气鼓、LED 照明灯。

(2)工具仪器设备清单(每个工位的配置)

序号	工具名称	型号规格	数量	备注
1	皮带盘螺栓拆装专用工具	09213-58013 09330-00021	1 套	
2	皮带盘拆装专用工具 (拉器)	09950-50013 两螺栓中心距为 85 mm	1 套	
3	拉器定位头	专用工具	1 个	
4	铲刀		1 把	
5	气枪		1 把	
6	扭力扳手	5~25 N·m	1 套	
7	扭力扳手	10~100 N·m	1 套	
8	扭力扳手	40~340 N·m	1 套	
9	橡皮锤		1 把	
10	丁字套筒	8 mm、10 mm、12 mm、14 mm	1 套	

续上表

序号	工具名称	型号规格	数量	备注
11	常用工具	9509 五十六件组套， 应含 24 开口扳手 1 把	1 套	

序号	量具名称	型号规格	数量	备注
1	弹簧秤	10~20 kg	1 把	手持式
2	游标卡尺	300 mm	1 把	
3	钢板尺	300 mm	1 把	

序号	设备名称	型号规格	数量	备注
1	工具车		1 套	
2	工作台(带台钳)	长×宽×高： 1600 mm×800 mm×800 mm	1 套	
3	丰田 1ZR-FE 发动机 (LDE)及翻转架		1 套	

（3）辅助材料清单(每个工位的配置)

序号	配件辅料名称	型号规格	数量	备注
1	毛刷		1 个	
2	抹布		3 块	
3	零件盒	长×宽×高：500 mm ×350 mm×100 mm	1 个	
4	正时皮带		1 根	
5	张紧轮及张紧轮螺栓		1 套	
6	曲轴链轮螺栓		1 根	

3. 考核时量

考核时限：60 分钟。

4. 评分细则

配气正时机构拆装、测量与检查评分标准

考核内容		考核点	评分要点	分值	扣分	得分
作业准备		工作服与安全鞋，女性要求戴帽		3		
		发动机信息填写		2		
		发动机翻转架	检查发动机台架牢固度	2		
		检查确认工量具		2		
维修手册的使用		链条长度标准尺寸		2		
		凸轮轴齿轮标准		2		
		曲轴齿轮标准		2		
配气正时机构拆装、测量与检查作业	拆卸正时链条盖和链条	拆卸正时链条盖	确认曲轴皮带轮槽口与正时链盖上"0"对准；拆卸皮带盘螺栓不能用预制式扭力扳手；张紧器螺母分2次松开；撬动正时链盖时螺丝刀上必须缠胶带，只能撬动4个带筋部位	4		
		拆卸正时链条	必须拆下O形圈；先拆链条张紧器导板再拆链条；最后拆1号链条振动阻尼器；必须在六角处转动凸轮轴	4		
	测量正时链条、曲轴和凸轮轴正时齿轮	检查链条分总成	必须清洁；量具必须校准；测量的链条节数（位置）应正确，需测量3个位置	6		
		检查凸轮轴和曲轴正时齿轮总成	测量位置要正确，测量值要准确	5		
	VVT-i执行器检查	检查进气凸轮轴VVT正时齿轮	必须检查锁止情况；胶带密封机油孔前须清除油脂，不允许用清洗剂喷；转动正时齿轮检查时要连续来回动作1~2次	5		
		检查排气凸轮轴VVT正时齿轮		5		
	安装正时链条和链条盖	安装链条分总成	安装方向要正确；1号、2号链条振动阻尼器要在未挂链条前安装；不允许出现跳齿	4		
		清洁并安装链条张紧器导板	安装前进行清洁，不允许出现跳齿	4		
		安装正时链条盖分总成	要一次性对准定位销，按照安装顺序分2次紧固螺栓	4		
		安装曲轴皮带轮	需预先对准皮带轮上的键槽后再推入	4		

续上表

考核内容	考核点		评分要点	分值	扣分	得分
配气正时机构拆装、测量与检查作业	安装正时链条和链条盖	检查张紧器	不允许借助工具松开棘轮。放下棘轮瓜,用手指推动时不移动	5		
		安装并确认链条张紧器状况	柱塞需完全推入,必须顺时针转动曲轴确认张紧器柱塞伸出	4		
		确认正时标记	须顺时针转动曲轴2圈,确认正时标记	4		
	否决项	安装完后,存在正时错齿现象				
作业后整理	清洁发动机台架、工作台、工具量具和专用工具并归位			2		
	用过的清洁布等放入垃圾桶			2		
作业规范	流程清楚,方法正确			3		
安全和5S	场地整洁,物品摆放有序,无安全问题			5		
维修工单	按要求填写,记录值准确			15		
合计				100		

配气正时机构拆装、测量与检查操作工单

一、作业内容

按作业规范要求完成:

◆曲轴皮带盘拆卸与安装;

◆正时链条盖及链条张紧器拆卸与安装;

◆正时链条分总成的拆卸与安装;

◆对正时链条分总成、进气凸轮轴正时齿轮和曲轴正时齿轮的磨损状态进行检查;

◆检查1号链条张紧器;

◆检查进气凸轮轴正时齿轮总成(VVT-i)动作状态。

二、作业记录单

1. 正时链条分总成检查(1号链条)

项目	链条伸长度		
	①	②	③
测量值			
结果判断及处理			

2. 进气凸轮轴正时齿轮检查

项目	进气凸轮轴正时齿轮和链条的直径		
测量值			
结果判断及处理			

3. 曲轴正时齿轮检查

项目	曲轴正时齿轮和链条的直径		
测量值			
结果判断及处理			

J02-09　气缸压缩压力检测

1. 任务描述

在 60 分钟的规定时间内，按照维修手册要求，对指定的车辆进行气压压缩压力检测，重点考核拆装工艺、零件清洁、工量具使用、零部件检查、作业规范及安全。

(1)车辆预热；

(2)拆下节气门体；

(3)拆下点火线圈；

(4)拆下火花塞；

(5)拆下燃油泵继电器；

(6)启动发动机；

(7)记录数据，比较压缩压力值；

(8)安装燃油泵继电器；

(9)安装火花塞；

(10)安装点火线圈；

(11)安装节气门体。

2. 实施条件

(1)工位要求

①每个工位要求场地在 15~20 m²，设置 6 个工位；

②每个工位配有 1 m×0.6 m 的工作台；

③每个工位准备三个回收不同类型废料的垃圾桶；

④配有灭火装置、电鼓、气鼓、LED 照明灯。

(1)工具仪器设备清单(每个工位的配置)

序号	工具名称	型号规格	数量	备注
1	气枪		1 把	
2	扭力扳手	5~25 N·m	1 套	
3	常用工具	9509 五十六件组套，应含24开口扳手1把	1 套	
4	气缸压力测试表		1 个	

序号	设备名称	型号规格	数量	备注
1	工具车		1 套	
2	工作台(带台钳)	长×宽×高: 1600 mm×800 mm×800 mm	1 套	
3	实训车辆		1 台	

（3）辅助材料清单(每个工位的配置)

序号	配件辅料名称	型号规格	数量	备注
1	抹布		3 块	
2	零件盒	长×宽×高: 500 mm×350 mm×100 mm	1 个	
3	车内防护	一次性	1 套	
4	车外防护		1 套	

3.考核时量

考核时限：60 分钟。

4.评分细则

气缸压缩压力检测评分标准

考核内容	考核点	评分要点	分值	扣分	得分
作业准备	穿工作服与安全鞋，女性要求戴帽		3		
	车辆信息填写		2		
	车辆安全检查	设置车轮挡块	2		
	检查确认工量具		2		
	检查蓄电池电量	静态测量电压值大于 11 V	2		
维修手册的使用	发动机压缩压力测试步骤		2		
	节气门体总成的更换步骤		2		
	火花塞的更换步骤		2		
	节气门体螺栓坚固力矩		1		
	火花塞紧固力矩		1		
	点火线圈螺栓紧固力矩		1		

续上表

考核内容		考核点	评分要点	分值	扣分	得分
气缸压缩压力检测	拆卸程序	车辆预热	发动机冷却液温度在正常工作温度（80℃以上）	4		
		打开发动机舱盖		1		
		车辆防护	三件套	2		
		拆下节气门体	断开节气门线束前关闭点火开关	4		
		拆下点火线圈	断开线束前要关闭点火开关	4		
		拆下火花塞	拆卸前清洁气缸盖罩。4 个火花塞必须全部拆卸	5		
		拆下燃油泵继电器	防止淹缸	5		
	测量程序	启动发动机	发动机以至少 300 r/m 运转，约 4 秒钟。测试孔不得泄漏	5		
		比较压缩压力值	每个缸测 2 次，取平均值。最大压力差为 100 kPa	5		
	安装程序	安装燃油泵继电器		3		
		安装火花塞	须用手拧入火花塞，火花塞紧固 25 N·m	5		
		安装点火线圈	连接线束前要关闭点火开关。点火线圈螺栓紧固至 8 N·m	5		
		安装节气门体	连接节气门体线束前关闭点火开关。节气门体螺栓紧固至 8 N·m。安装节气门体后，使用故障诊断仪执行适当的重新设置功能	5		
	否决项		造成异物进入气缸			
作业后整理		清洁车辆、工作台、工具量具和专用工具并归位		2		
		用过的清洁布等放入垃圾桶		2		
作业规范		流程清楚，方法正确		3		
安全和 5S		场地整洁，物品摆放有序，无安全问题		5		
维修工单		按要求填写，记录值准确		15		
合计				100		

气缸压缩压力检测操作工单

一、作业内容

按作业规范要求完成：
◆ 车辆预热；
◆ 拆下节气门体；
◆ 拆下点火线圈；
◆ 拆下火花塞；
◆ 拆下燃油泵继电器；
◆ 启动发动机；
◆ 记录数据，比较压缩压力值；
◆ 安装燃油泵继电器；
◆ 安装火花塞；
◆ 安装点火线圈；
◆ 安装节气门体。

二、作业记录单

1. 拆卸准备

测量前发动机冷却液温度应为_____℃以上。

2. 气缸压缩压力检测

测量项目	1 缸	2 缸	3 缸	4 缸
第 1 次测量值				
第 2 次测量值				
气缸压力平均值				
最大压力差				

数据分析：

3. 安装程序

序号	紧固件	紧固力矩
1	火花塞	
2	点火线圈螺栓	
3	节气门体螺栓	

J02-10 燃油压力检测

1.任务描述

在 60 分钟的规定时间内，按照维修手册要求，对指定的车辆进行燃油压力检测，重点考核拆装工艺、零件清洁、工量具使用、零部件检查、作业规范及安全。

(1)打开发动机舱盖，车辆防护；

(2)从测试接头取下保护盖；

(3)卸去燃油系统压力；

(4)连接燃油压力测试表；

(5)启动发动机；

(6)急速时放出压力测试仪中的空气；

(7)从压力表上读取燃油压力；

(8)关闭发动机；

(9)卸去燃油压力测试仪处的燃油压力；

(10)拆下燃油压力测试表；

(11)将保护盖安装到测试接头，关闭发动机舱盖。

2.实施条件

(1)工位要求

①每个工位要求场地在 15~20 m²，设置 6 个工位；

②每个工位配有 1 m×0.6 m 的工作台；

③每个工位准备三个回收不同类型废料的垃圾桶；

④配有灭火装置、电鼓、气鼓、LED 照明灯。

(2)工具仪器设备清单(每个工位的配置)

序号	工具名称	型号规格	数量	备注
1	气枪		1 把	
2	扭力扳手	5~25 N·m	1 套	
3	常用工具	9509 五十六件组套，应含 24 开口扳手 1 把	1 套	
4	燃油压力测试表		1 个	

序号	设备名称	型号规格	数量	备注
1	工具车		1 套	
2	工作台(带台钳)	长×宽×高: 1600 mm×800 mm×800 mm	1 套	
3	实训车辆		1 台	

(3)辅助材料清单(每个工位的配置)

序号	配件辅料名称	型号规格	数量	备注
1	抹布		3 块	
2	零件盒	长×宽×高: 500 mm×350 mm×100 mm	1 个	
3	车内防护	一次性	1 套	
4	车外防护		1 套	
5	灭火器	干式化学(B 级)灭火器	1 个	

3.考核时量

考核时限:60 分钟。

4.评分细则

燃油压力检测评分标准

考核内容	考核点	评分要点	分值	扣分	得分
作业准备	穿工作服与安全鞋,女性要求戴帽		3		
	车辆信息填写		2		
	车辆安全检查	设置车轮挡块	2		
	检查确认工量具		2		
	检查蓄电池电量	静态测量电压值大于 11 V	2		
	防火检查	准备一个干式化学(B 级)灭火器。 必须在通风良好的环境下操作	4		
维修手册 的使用	燃油压力测量步骤		2		
	燃油压力标称值		2		

续上表

考核内容		考核点	评分要点	分值	扣分	得分
燃油压力检测	安装程序	打开发动机舱盖		2		
		车辆防护	三件套	2		
		从测试接头取下保护盖		5		
		卸去燃油系统压力	拆下燃油泵继电器/保险丝后发车直至熄火	5		
		连接燃油压力测试表	抹布包住燃油系统部件接头	5		
	测量程序	启动发动机	安装燃油泵继电器/保险丝。试车3秒后检查连接是否有泄漏	5		
		急速时放出压力测试仪中的空气	将流出的燃油收集到合适的容器中	5		
		从压力表上读取燃油压力	检测系统压力、调节油压、最大油压、最大供油量	5		
	拆卸程序	关闭发动机	检测残余油压 冷却液温度下降到常温	5		
		卸去燃油压力测试仪处的燃油压力	拆下燃油泵继电器/保险丝后发车直至熄火 用抹布包住接头，吸附燃油	5		
		拆下燃油压力测试表	将流出的燃油收集到合适的容器中。清洁燃油管接头、软管接头、接头周围部位	5		
		将保护盖安装到测试接头	安装燃油泵继电器/保险丝后发车	3		
		关闭发动机舱盖		2		
	否决项		造成燃油大面积泄漏			
作业后整理		清洁车辆、工作台、工具量具和专用工具并归位		2		
		用过的清洁布等放入垃圾桶		2		
作业规范		流程清楚，方法正确		3		
安全和5S		场地整洁，物品摆放有序，无安全问题		5		
维修工单		按要求填写，记录值准确		15		
合计				100		

燃油压力检测操作工单

一、作业内容

按作业规范要求完成：

◆打开发动机舱盖，车辆防护；

◆从测试接头取下保护盖；

◆卸去燃油系统压力；

◆连接燃油压力测试表；

◆启动发动机；

◆急速时放出压力测试仪中的空气；

◆从压力表上读取燃油压力；

◆关闭发动机；

◆卸去燃油压力测试仪处的燃油压力；

◆拆下燃油压力测试表；

◆将保护盖安装到测试接头，关闭发动机舱盖。

二、作业记录单

1. 安装燃油压力表

该车燃油泵继电器编号为_____；燃油泵保险丝编号为_____。

2. 燃油压力检测

检测项目	检测条件	测试结果	标准值	是否正常
系统油压	急速状态			YES□　NO□
调节油压	急速状态/拔掉燃油压力调节器真空管/堵住进气道上的真空管			YES□　NO□
最大油压	急速状态/夹住回油管 3~5 m			YES□　NO□
最大供油量	急速状态/急加速至 3000 r			YES□　NO□
系统残压	熄火/冷却液温度到达常温			YES□　NO□

3. 拆卸燃油压力表

请对检测结果进行分析。

答：

J02-11 水温传感器的检测

1. 任务描述

在规定时间内，完成对水温传感器的检测，按要求填写记录表单并根据测量结果分析判断水温传感器的好坏。

(1) 查阅维修手册中水温传感器电路原理图；

(2) 绘制水温传感器电路原理图，并在图中标注出线路名称、颜色、截面积、端子号；

(3) 对水温传感器进行外观检查；

(4) 使用诊断仪对水温传感器数据流进行读取；

(5) 对水温传感器进行在路信号电压测量；

(6) 对水温传感器进行开路测量。

2. 实施条件

(1) 工位要求

①每个工位要求场地在 15~20 m^2，设置 6 个工位；

②每个工位配有 1 m×0.6 m 的工作台；

③配有尾气排放装置；

④每个工位准备三个回收不同类型废料的垃圾桶；

⑤配有灭火装置、电鼓、气鼓、LED 照明灯。

(2) 工具仪器设备清单(每个工位的配置)

序号	仪器设备/工具名称	说明
1	实训车辆	
2	数字万用表	
3	试灯	
4	维修手册	
5	工具车	放置工具、量具
6	接线盒	
7	套装工具(150 件组套)	世达
8	示波器	优利德

续上表

序号	仪器设备/工具名称	说明
9	诊断仪	元征 431
10	摄温枪(或温度计)	

(3)辅助材料清单(每个工位的配置)

序号	辅助材料名称	说明
1	车内外防护套装	
2	三角木	
3	抹布	若干
4	保险片	不同安培数各若干
5	导线	
6	热缩管	
7	水温传感器	
8	笔	
9	秒表	
10	书写垫板	

3. 考核时量

考核时限：60 分钟。

4. 评分细则

水温传感器的检测评分标准

考核内容		考核点及评分要求	分值	扣分	得分	备注
作业准备		穿工作服与安全鞋,女性要求戴帽	1			
		车辆信息填写	1			
		工具、备件检查	1			
		车辆防护及基本检查	2			
维修手册使用	关键数据使用维修手册确认	查询电路原理图	5			
		查询技术参数	5			

续上表

考核内容		考核点及评分要求	分值	扣分	得分	备注
水温传感器检测技术方案与实施	操作步骤	检查水温传感器外观及插头连接、安装位置状况 □未检查，扣2分	2			
		连接诊断仪，读取水温传感器数据流并记录 □未检查或读取错误，扣4分 □未记录，扣2分	4			
		在路测量水温传感器信号线与接地线电压并记录 □未检查或读取错误，扣4分/项 □未记录，扣2分/项	8			
		关闭点火开关，拔下水温传感器插头 □未关点火开关，扣2分	2			
		开路测量水温传感器信号线与接地线电压并记录 □未检查或读取错误，扣4分/项 □未记录，扣2分/项	10			
		确认发动机温度低于40℃（通过摄温枪或温度计检测） □未确认，扣2分	2			
		关闭点火开关，断开蓄电池负极 □未操作，扣2分	2			
		拔下水温传感器插头，按正确的拆装步骤拆下水温传感器，用容器接好泄漏出的冷却液 □未操作，扣2分/项	6			
		将水温传感器置于不同温度环境中测量传感器电阻并记录 □未检查或读取错误，扣4分/项 □未记录，扣2分/项	6			
		根据测量结果对水温传感器进行判断并记录 □判断错误，扣4分	4			

续上表

考核内容		考核点及评分要求	分值	扣分	得分	备注
水温传感器检测技术方案与实施	操作步骤	将水温传感器重新安装并按维修手册扭矩拧紧 □未操作,扣4分/项	4			
		插好水温传感器插头 □未操作,扣2分/项	2			
		连接蓄电池负极 □未操作,扣4分/项	4			
		打开点火开关,清除故障代码 □未操作,扣2分/项	2			
		关闭点火开关,整理收复诊断检测设备 □未操作,扣5分/项	5			
		添加冷却液至标准液位 □未操作,扣2分/项	2			
	否决项	操作过程中造成人员或者工具设备损伤	/			本次考核记零分
		不按要求进行危险操作,裁判可终止考核				
作业后整理	清洁工具、工作台、场地、设备等	清洁	2			
		用过的清洁布、车内三件套等放入垃圾桶	3			
作业规范	按规定流程和方法进行作业	流程清楚,方法正确	5			
安全和5S	整个工作过程中的安全与5S	场地整洁,物品摆放有序	5			
		无安全问题	5			
合计			100			

水温传感器的检测操作工单

项目		水温传感器检测		日期	
姓名		班级		得分	

车辆信息	整车型号	
	车辆识别代码	
	发动机型号	

一、前期准备	（不需要填写）
二、安全检查	

续上表

三、维修手册 查询与记录	1. 请在下面绘制水温传感器电路原理图。 2. 请查询维修手册中水温传感器安装时的拧紧扭矩。 拧紧扭矩：_____
四、检测步骤 记录	1. 水温传感器外观及插头连接、安装状况检查： □正常　　□不正常 2. 水温传感器信号线与接地线在路电压。

端子名称	在路电压标准值	在路电压测量值	结果判断

3. 水温传感器信号线与接地线开路电压。

端子名称	在路电压标准值	在路电压测量值	结果判断

4. 发动机温度确认。

发动机温度：_____

5. 水温传感器内部电阻。

温度	端子1名称	端子2名称	测量电阻值	结果判断

端子1名称	端子2名称	测量电阻值	结果判断

6. 水温传感器线束电阻检测。

五、最终结果 判断	经检测，该车辆安装的水温传感器为：□ 正常　　　　□不正常
六、现场恢复	补充冷却液，恢复仪器设备，恢复防护件，清洁场地 （不需要填写）

J02-12 节气门体总成的检测

1. 任务描述

在规定时间内, 完成对节气门体总成的检测, 按要求填写记录表单并根据测量结果分析判断节气门体总成的好坏。

(1) 查阅维修手册中节气门体总成电路原理图;

(2) 绘制节气门体总成电路原理图, 并在图中标注出线路名称、颜色、截面积、端子号;

(3) 对节气门体总成进行外观检查;

(4) 使用诊断仪对节气门体总成数据流进行读取;

(5) 对节气门体总成进行在路信号电压测量;

(6) 对节气门体总成进行开路测量。

2. 实施条件

(1) 工位要求

①每个工位要求场地在 15~20 m², 设置 6 个工位;

②每个工位配有 1 m×0.6 m 的工作台;

③配有尾气排放装置;

④每个工位准备三个回收不同类型废料的垃圾桶;

⑤配有灭火装置、电鼓、气鼓、LED 照明灯。

(2) 工具仪器设备清单(每个工位的配置)

序号	仪器设备/工具名称	说明
1	实训车辆	
2	数字万用表	
3	试灯	
4	维修手册	
5	工具车	放置工具、量具
6	接线盒	
7	套装工具(150 件组套)	世达
8	示波器	优利德

续上表

序号	仪器设备/工具名称	说明
9	诊断仪	元征431
10	摄温枪(或温度计)	

（3）辅助材料清单（每个工位的配置）

序号	辅助材料名称	说明
1	车内外防护套装	
2	三角木	
3	抹布	若干
4	保险片	不同安培数各若干
5	导线	
6	热缩管	
7	节气门总体	
8	笔	
9	秒表	

3. 考核时量

考核时限：60分钟。

4. 评分细则

节气门体总成的检测评分标准

考核内容		考核点及评分要求	分值	扣分	得分	备注
作业准备		穿工作服与安全鞋，女性要求戴帽	1			
		车辆信息填写	1			
		工具、备件检查	1			
		车辆防护及基本检查	2			
维修手册使用	关键数据使用维修手册确认	查询电路原理图	5			
		查询技术参数	5			

续上表

考核内容		考核点及评分要求	分值	扣分	得分	备注
节气门位置传感器检测技术方案与实施	操作步骤	检查节气门位置传感器外观及插头连接、安装位置状况 □判断错误，扣2分/项	5			
		连接诊断仪，打开点火开关，打开诊断仪电源 □操作错误，扣2分/项	5			
		分别踩下加速踏板于不同位置时，读取节气门位置传感器数据流并记录 □少记录或错记录一项，扣4分/项	8			
		使用电压表在线检查节气门位置传感器电源、信号电压 □少记录或错记录一项，扣2分/项	10			
		示波器测量节气门位置传感器信号波形 □少记录或错记录传感器波形，扣5分/项 □少记录或错记录电机波形，扣5分/项	10			
		使用电阻表测量节气门体内部电阻(霍耳式只要求测量电机) □少记录或错记录一项，扣3分/项	10			
		清除故障代码 □操作错误或未操作，扣2分/项	5			
		判断节气门体正常与否 □判断错误，扣5分	6			
		关闭点火开关，整理收复诊断检测设备 □操作错误或未操作，扣2分/项	6			
	否决项	操作过程中造成人员或者工具设备损伤				本次考核记零分
		不按要求进行危险操作，裁判可终止考核				
作业后整理	清洁工具、工作台、场地、设备等	清洁	2			
		用过的清洁布、车内三件套等放入垃圾桶	3			
作业规范	按规定流程和方法进行作业	流程清楚，方法正确	5			
安全和5S	整个工作过程中的安全与5S	场地整洁，物品摆放有序	5			
		无安全问题	5			
合计			100			

节气门体总成的检测操作工单

项目		节气门位置传感器检测		日期	
姓名		班级		得分	

车辆信息	整车型号	
	车辆识别代码	
	发动机型号	

一、前期准备	（不需要填写）
二、安全检查	

三、维修手册查询与记录	1. 请在下面绘制节气门位置传感器电路原理图。 2. 请查询维修手册中节气门位置传感器安装时的拧紧扭矩。 拧紧扭矩：＿＿＿＿＿

四、检测步骤记录

1. 节气门位置传感器外观及插头连接、安装状况检查：
□正常　　　　□不正常

2. 数据流检查节气门位置传感器信号：

数据流名称	传感器 1 数据值	传感器 2 数据值	结果判断
标准值			
实测值			

3. 电压表在线检查节气门位置传感器信号：

端子名称	标准值	实测值	结果判断

续上表

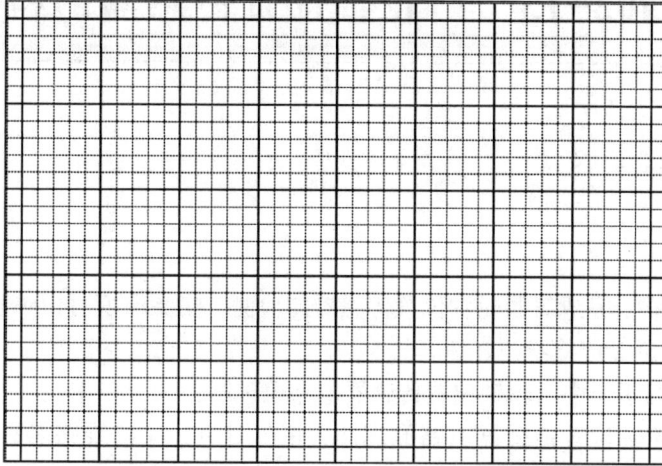

四、检测步骤记录	4.示波器测量节气门位置传感器信号波形： CH1 电压： CH2 电压： 周期： 5.电阻表测量节气门体内部电阻(霍耳式只要求测量电机)：

测量位置1	测量位置2	标准值	实测值	结果判断

五、最终结果判断	经检测，该车辆安装的节气门位置传感器为： □正常 □不正常
六、现场恢复	恢复仪器设备，恢复防护件，清洁场地 (不需要填写)

J02-13　凸轮轴位置传感器的检测

1.任务描述

在规定时间内，完成对凸轮轴位置传感器的检测，按要求填写记录表单并根据测量结果分析判断凸轮轴位置传感器的好坏。

(1)查阅维修手册中凸轮轴位置传感器电路原理图；

(2)绘制凸轮轴位置传感器电路原理图，并在图中标注出线路名称、颜色、截面积、端子号；

(3)对凸轮轴位置传感器进行外观检查；

(4)使用诊断仪对凸轮轴位置传感器数据流进行读取；

(5)对凸轮轴位置传感器进行在路信号电压测量；

(6)对凸轮轴位置传感器进行开路测量。

2.实施条件

(1)工位要求

①每个工位要求场地在 15~20 m^2，设置 6 个工位；

②每个工位配有 1 m×0.6 m 的工作台；

③配有尾气排放装置；

④每个工位准备三个回收不同类型废料的垃圾桶；

⑤配有灭火装置、电鼓、气鼓、LED 照明灯。

(2)工具仪器设备清单(每个工位的配置)

序号	仪器设备/工具名称	说明
1	实训车辆	
2	数字万用表	
3	试灯	
4	维修手册	
5	工具车	放置工具、量具
6	接线盒	
7	套装工具(150 件组套)	世达

续上表

序号	仪器设备/工具名称	说明
8	示波器	优利德
9	诊断仪	元征431
10	摄温枪(或温度计)	

（3）辅助材料清单(每个工位的配置)

序号	辅助材料名称	说明
1	车内外防护套装	
2	三角木	
3	抹布	若干
4	保险片	10A
5	导线	
6	热缩管	
7	凸轮轴位置传感器	
8	笔	
9	秒表	
10	书写垫板	

3.考核时量

考核时限：60分钟。

4.评分细则

凸轮轴位置传感器的检测评分标准

考核内容		考核点及评分要求	分值	扣分	得分	备注
作业准备		穿工作服与安全鞋，女性要求戴帽	1			
		车辆信息填写	1			
		工具、备件检查	1			
		车辆防护及基本检查	2			
维修手册使用	关键数据使用维修手册确认	查询电路原理图	5			
		查询技术参数	5			

续上表

考核内容		考核点及评分要求	分值	扣分	得分	备注
凸轮轴位置传感器检测技术方案与实施	操作步骤	凸轮轴位置传感器外观及插头连接、安装状况检查 □未检查，扣2分	5			
		在路测量凸轮轴位置传感器信号线与接地线电压并记录 □操作错误，扣5分/项 □判断错误，扣2分/项	8			
		关闭点火开关 □操作错误，扣2分/项	5			
		拔下凸轮轴位置传感器插头，拆下凸轮轴位置传感器，检查信号轮 □操作或判断错误，扣3分/项	5			
		凸轮轴位置传感器信号线与接地线开路静态电压检测 □未测量或方法错误，扣2分/项 □判断错误，扣2分/项	8			
		测量凸轮轴位置传感器内部电阻，判断有无短路故障 □未测量或方法错误，扣2分/项 □判断错误，扣2分/项	8			
		测量凸轮轴位置传感器线束电阻，判断有无断路、短路故障 □未测量或方法错误，扣2分/项 □判断错误，扣2分/项	8			
		安装凸轮轴位置传感器 □安装扭矩错误，扣2分/项	2			
		连接凸轮轴位置传感器 □连接错误，扣2分/项	2			
		启动发动机，测量凸轮轴位置传感器波形 □测量方法错误，扣2分/项 □波形绘制错误，扣3分/项	5			

续上表

考核内容		考核点及评分要求	分值	扣分	得分	备注
凸轮轴位置传感器检测技术方案与实施	操作步骤	判断凸轮轴位置传感器正常与否 □ 判断错误，扣 5 分	5			
		打开点火开关，清除故障代码 □ 未操作，扣 2 分	2			
		关闭点火开关，整理收复诊断检测设备 □ 未操作，扣 2 分	2			
	否决项	操作过程中造成人员或者工具设备损伤				本次考核记零分
		不按要求进行危险操作，裁判可终止考核				
作业后整理	清洁工具、工作台、场地、设备等	清洁	2			
		用过的清洁布、车内三件套等放入垃圾桶	3			
作业规范	按规定流程和方法进行作业	流程清楚，方法正确	5			
安全和 5S	整个工作过程中的安全与 5S	场地整洁，物品摆放有序	5			
		无安全问题	5			
合计			100			

凸轮轴位置传感器的检测操作工单

项目		凸轮轴位置传感器检测		日期	
姓名			班级		得分	
车辆信息	整车型号				
	车辆识别代码				
	发动机型号				
一、前期准备		（不需要填写）			
二、安全检查					

续上表

三、维修手册 查询与记录	1. 请在下面绘制凸轮轴位置传感器电路原理图。 2. 请查询维修手册中凸轮轴位置传感器安装时的拧紧扭矩。 拧紧扭矩：_____（手册中无要求记录"无"）
四、检测步骤记录	1. 凸轮轴位置传感器外观及插头连接、安装状况检查： □正常　　　□不正常 2. 凸轮轴位置传感器电源线、信号线与接地线在路静态电压： 3. 拆下凸轮轴位置传感器，检查信号轮情况： □正常　　　□不正常 4. 凸轮轴位置传感器信号线与接地线开路静态电压： 5. 凸轮轴位置传感器内部电阻。（元件本身电气特性判断） 6. 凸轮轴位置传感器线束电阻检测。（断路短路判断）

2. 凸轮轴位置传感器电源线、信号线与接地线在路静态电压：

端子名称	在路电压标准值	在路电压测量值	结果判断

4. 凸轮轴位置传感器信号线与接地线开路静态电压：

端子名称	在路电压标准值	在路电压测量值	结果判断

5. 凸轮轴位置传感器内部电阻。（元件本身电气特性判断）

端子	端子名称	测量电阻值	结果判断
端子1			
端子2			
端子3			

6. 凸轮轴位置传感器线束电阻检测。（断路短路判断）

端子	端子名称	测量电阻值	结果判断
端子1			
端子2			
端子3			

续上表

四、检测步骤记录	7. 凸轮轴位置传感器工作信号波形测试。 CH1 电压：　　　　CH2 电压：　　　　周期：
五、最终结果判断	经检测，该车辆安装的凸轮轴位置传感器为： □正常　　　　□不正常
六、现场恢复	恢复仪器设备，恢复防护件，清洁场地(不需要填写)

J02-14 进气歧管绝对压力传感器的检测

1. 任务描述

在规定时间内，完成对进气歧管绝对压力传感器的检测，按要求填写记录表单并根据测量结果分析判断进气歧管绝对压力传感器的好坏。

(1)查阅维修手册中进气歧管绝对压力传感器电路原理图；

(2)绘制进气歧管绝对压力传感器电路原理图，并在图中标注出线路名称、颜色、截面积、端子号；

(3)对进气歧管绝对压力传感器进行外观检查；

(4)使用诊断仪对进气歧管绝对压力传感器数据流进行读取；

(5)对进气歧管绝对压力传感器进行在路信号电压测量；

(6)对进气歧管绝对压力传感器进行开路测量。

2. 实施条件

(1)工位要求

①每个工位要求场地在 $15\sim20$ m²，设置 6 个工位；

②每个工位配有 1 m×0.6 m 的工作台；

③配有尾气排放装置；

④每个工位准备三个回收不同类型废料的垃圾桶；

⑤配有灭火装置、电鼓、气鼓、LED 照明灯。

(2)工具仪器设备清单(每个工位的配置)

序号	仪器设备/工具名称	说明
1	实训车辆	
2	数字万用表	
3	试灯	
4	维修手册	
5	工具车	放置工具、量具
6	接线盒	
7	套装工具(150 件组套)	世达
8	示波器	优利德

续上表

序号	仪器设备/工具名称	说明
9	诊断仪	元征 431
10	摄温枪(或温度计)	

（3）辅助材料清单(每个工位的配置)

序号	辅助材料名称	说明
1	车内外防护套装	
2	三角木	
3	抹布	若干
4	保险片	10A
5	导线	
6	热缩管	
7	进气歧管绝对压力传感器	
8	笔	
9	秒表	
10	书写垫板	

3. 考核时量

考核时限：60 分钟。

4. 评分细则

进气歧管绝对压力传感器的检测评分标准

考核内容		考核点及评分要求	分值	扣分	得分	备注
作业准备		穿工作服与安全鞋，女性要求戴帽	1			
		车辆信息填写	1			
		工具、备件检查	1			
		车辆防护及基本检查	2			
维修手册使用	关键数据使用维修手册确认	查询电路原理图	5			
		查询技术参数	5			

续上表

考核内容		考核点及评分要求	分值	扣分	得分	备注
进气歧管绝对压力传感器检测技术方案与实施	操作步骤	进气歧管压力传感器外观及插头连接检查 □未检查，扣2分	2			
		在路测量进气歧管绝对压力传感器信号线与接地线电压并记录 □未检查或测量错误，扣2分/项	4			
		关闭点火开关，拔下进气歧管绝对压力传感器插头 □未关闭点火开关，扣2分	2			
		拆下进气歧管压力传感器，检查进气歧管压力传感器安装情况 □未检查安装情况，扣2分	5			
		开路测量进气歧管绝对压力传感器信号线与接地线电压并记录 □未测量或记录，扣2分/项 □判断错误，扣2分/项	8			
		测量进气歧管压力传感器内部电阻，判断传感器内部是否短路 □未测量或记录，扣2分/项 □判断错误，扣2分/项	8			
		测量传感器线束，判断线束是否有断路、短路情况 □未测量或记录，扣2分/项 □判断错误，扣2分/项	8			
		测量传感器信号波形，判断传感器工作信号是否正常 □未测量或记录，扣2分/项 □判断错误，扣2分/项	8			
		使用真空压力测试装置，在不同压力下测量传感器信号电压 □未测量或记录，扣2分/项 □判断错误，扣4分/项	8			

续上表

考核内容		考核点及评分要求	分值	扣分	得分	备注
进气歧管绝对压力传感器检测技术方案与实施	操作步骤	将进气歧管绝对压力传感器重新安装并按维修手册扭矩拧紧 □安装错误，扣2分	2			
		打开点火开关，清除故障代码 □未操作，扣2分	2			
		判断传感器是否正常 □判断错误，扣2分	3			
		关闭点火开关，整理收复诊断检测设备 □未操作，扣2分	5			
	否决项	操作过程中造成人员或者工具设备损伤				本次考核记零分
		不按要求进行危险操作，裁判可终止考核				
作业后整理	清洁工具、工作台、场地、设备等	清洁	2			
		用过的清洁布、车内三件套等放入垃圾桶	3			
作业规范	按规定流程和方法进行作业	流程清楚，方法正确	5			
安全和5S	整个工作过程中的安全与5S	场地整洁，物品摆放有序	5			
		无安全问题	5			
合计			100			

进气歧管绝对压力传感器的检测操作工单

项目		进气歧管绝对压力传感器检测		日期	
姓名		班级		得分	
车辆信息	整车型号				
	车辆识别代码				
	发动机型号				

一、前期准备	（不需要填写）
二、安全检查	

续上表

三、维修手册查询与记录	1. 请在下面绘制进气歧管压力传感器电路原理图。
	2. 请查询维修手册中进气歧管压力传感器安装时的拧紧扭矩。 拧紧扭矩：_____（手册中无要求记录"无"）

四、检测步骤记录	1. 进气歧管压力传感器外观及插头连接检查： □正常　　　　□不正常 2. 进气歧管压力传感器电源线、信号线与接地线在路静态电压。

端子名称	在路电压标准值	在路电压测量值	结果判断

3. 拆下进气歧管压力传感器，检查进气歧管压力传感器安装情况：
□正常　　　　□不正常

4. 进气歧管压力传感器信号线与电源线开路电压。

端子名称	在路电压标准值	在路电压测量值	结果判断

5. 进气歧管压力传感器内部电阻。（元件本身电气特性判断）

端子	端子名称	测量电阻值	结果判断
端子1			
端子2			
端子3			

6. 进气歧管压力传感器线束电阻检测。（断路、短路判断）

端子	端子名称	测量电阻值	结果判断
端子1			
端子2			
端子3			

续上表

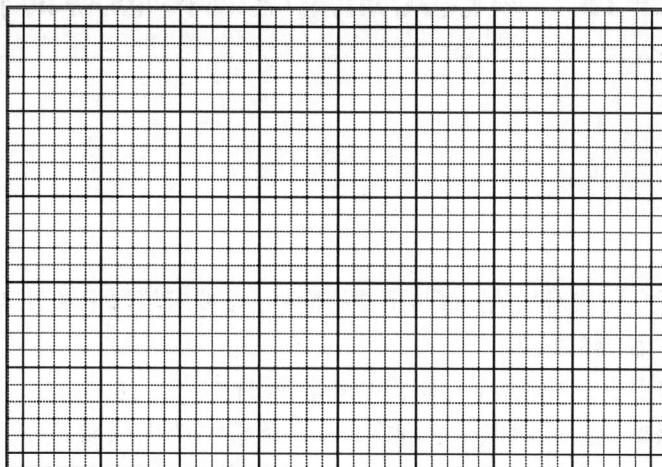

四、检测步骤记录	7.进气歧管压力传感器工作信号波形测试。 CH1 电压：　　　　CH2 电压：　　　　周期： 8.将进气歧管压力传感器连接至真空压力测试装置，在不同压力下测量传感器信号电压。 | 真空值	端子名称	电压值	结果判断
---	---
五、最终结果判断	经检测，该车辆安装的进气歧管压力传感器为： □正常　　　　□不正常
六、现场恢复	恢复仪器设备，恢复防护件，清洁场地 （不需要填写）

J02-15 四线式加热型氧传感器的检测

1.任务描述

在规定时间内,完成对加热型氧传感器的检测,按要求填写记录表单并根据测量结果分析判断加热型氧传感器的好坏。

(1)查阅维修手册中加热型氧传感器电路原理图;

(2)绘制加热型氧传感器电路原理图,并在图中标注出线路名称、颜色、截面积、端子号;

(3)对加热型氧传感器进行外观检查;

(4)使用诊断仪对加热型氧传感器数据流进行读取;

(5)对加热型氧传感器进行在路信号电压测量;

(6)对加热型氧传感器进行开路测量。

2.实施条件

(1)工位要求

①每个工位要求场地在 $15\sim20$ m²,设置 6 个工位;

②每个工位配有 1 m×0.6 m 的工作台;

③配有尾气排放装置;

④每个工位准备三个回收不同类型废料的垃圾桶;

⑤配有灭火装置、电鼓、气鼓、LED 照明灯。

(2)工具仪器设备清单(每个工位的配置)

序号	仪器设备/工具名称	说明
1	实训车辆	
2	数字万用表	
3	试灯	
4	维修手册	
5	工具车	放置工具、量具
6	接线盒	
7	套装工具(150 件组套)	世达

续上表

序号	仪器设备/工具名称	说明
8	示波器	优利德
9	诊断仪	元征 431
10	摄温枪(或温度计)	

（3）辅助材料清单(每个工位的配置)

序号	辅助材料名称	说明
1	车内外防护套装	
2	三角木	
3	抹布	若干
4	保险片	10A
5	导线	
6	热缩管	
7	四线式加热型传感器	
8	笔	
9	秒表	
10	书写垫板	

3. 考核时量

考核时限：60 分钟。

4. 评分细则

四线式加热型氧传感器的检测评分标准

考核内容		考核点及评分要求	分值	扣分	得分	备注
作业准备		穿工作服与安全鞋，女性要求戴帽	1			
		车辆信息填写	1			
		工具、备件检查	1			
		车辆防护及基本检查	2			
维修手册使用	关键数据使用维修手册确认	查询电路原理图	5			
		查询技术参数	5			

续上表

考核内容		考核点及评分要求	分值	扣分	得分	备注
加热型氧传感器检测技术方案与实施	操作步骤	传感器外观检查 □未检查或判断错误，扣5分	5			
		传感器电源、信号线在路静态电压测量 □测量方法错误，扣2分/项 □测量结果错误，扣4分/项	10			
		传感器安装情况检查 □未检查或判断错误，扣5分	5			
		传感器电源、信号线开路电压测量 □测量方法错误，扣2分/项 □测量结果错误，扣4分/项	10			
		传感器内阻检测 □未检查或判断错误，扣5分	5			
		传感器导线电阻检测，断路、短路判断 □测量方法错误，扣2分/项 □测量结果错误，扣4分/项	10			
		传感器信号波形测量 □测量方法错误，扣2分/项 □测量结果错误，扣4分/项	10			
		传感器数据流读取 □未读取或判断错误，扣5分	5			
		传感器正常与否判断 □判断错误，扣5分	5			
	否决项	操作过程中造成人员或者工具设备损伤				本次考核记零分
		不按要求进行危险操作，裁判可终止考核				
作业后整理	清洁工具、工作台、场地、设备等	清洁	2			
		用过的清洁布、车内三件套等放入垃圾桶	3			
作业规范	按规定流程和方法进行作业	流程清楚，方法正确	5			
安全和5S	整个工作过程中的安全与5S	场地整洁，物品摆放有序	5			
		无安全问题	5			
合计			100			

四线式加热型氧传感器的检测操作工单

项目	四线式加热型氧传感器检测	日期	
姓名		班级	得分	

车辆信息	整车型号	
	车辆识别代码	
	发动机型号	

一、前期准备	（不需要填写）
二、安全检查	

三、维修手册查询与记录	1. 请在下面绘制四线式加热型氧传感器电路原理图。
	2. 请查询维修手册中四线式加热型氧传感器安装时的拧紧扭矩。 拧紧扭矩：＿＿＿＿＿＿（手册中无要求记录"无"）

四、检测步骤记录	1. 四线式加热型氧传感器外观及插头连接检查： □正常　　□不正常 2. 四线式加热型氧传感器电源线、信号线与接地线在路静态电压。

端子名称	在路电压标准值	在路电压测量值	结果判断

3. 拆下四线式加热型氧传感器，检查安装情况：
□正常　　□不正常
4. 四线式加热型氧传感器信号线与电源线开路电压。

端子名称	在路电压标准值	在路电压测量值	结果判断

续上表

<table>
<tr><td rowspan="50">四、检测步骤记录</td><td colspan="4">5. 四线式加热型氧传感器内部电阻。(元件本身电气特性判断)</td></tr>
</table>

端子	端子名称	测量电阻值	结果判断
端子1			
端子2			
端子3			

6. 四线式加热型氧传感器线束电阻检测。(断路、短路判断)

端子	端子名称	测量电阻值	结果判断
端子1			
端子2			
端子3			

7. 四线式加热型氧传感器工作信号波形测试。

CH1 电压：　　　CH2 电压：　　　　周期：

8. 在不同发动机工况下，读取四线式加热型氧传感器数据流。

发动机状态	数据流名称	数据值	结果判断

五、最终结果判断	经检测，该车辆安装的四线式加热型氧传感器为： □正常　　　　□不正常
六、现场恢复	恢复仪器设备，恢复防护件，清洁场地 (不需要填写)

J02-16　热线、热膜式空气流量计的检测

1. 任务描述

在规定时间内，完成对空气流量计的检测，按要求填写记录表单并根据测量结果分析判断空气流量计的好坏。

（1）查阅维修手册中空气流量计电路原理图；

（2）绘制空气流量计电路原理图，并在图中标注出线路名称、颜色、截面积、端子号；

（3）对空气流量计进行外观检查；

（4）使用诊断仪对空气流量计数据流进行读取；

（5）对空气流量计进行在路信号电压测量；

（6）对空气流量计进行开路测量。

2. 实施条件

（1）工位要求

①每个工位要求场地在 15~20 m^2，设置 6 个工位；

②每个工位配有 1 m×0.6 m 的工作台；

③配有尾气排放装置；

④每个工位准备三个回收不同类型废料的垃圾桶；

⑤配有灭火装置、电鼓、气鼓、LED 照明灯。

（2）工具仪器设备清单（每个工位的配置）

序号	仪器设备/工具名称	说明
1	实训车辆	
2	数字万用表	
3	试灯	
4	维修手册	
5	工具车	放置工具、量具
6	接线盒	
7	套装工具（150 件组套）	世达
8	示波器	优利德

续上表

序号	仪器设备/工具名称	说明
9	诊断仪	元征 431
10	摄温枪(或温度计)	

（3）辅助材料清单（每个工位的配置）

序号	辅助材料名称	说明
1	车内外防护套装	
2	三角木	
3	抹布	若干
4	保险片	10A
5	导线	
6	热缩管	
7	空气流量计	
8	笔	
9	秒表	
10	书写垫板	

3. 考核时量

考核时限：60分钟。

4. 评分细则

热线、热膜式空气流量计的检测评分标准

考核内容		考核点及评分要求	分值	扣分	得分	备注
作业准备		穿工作服与安全鞋，女性要求戴帽	1			
		车辆信息填写	1			
		工具、备件检查	1			
		车辆防护及基本检查	2			
维修手册使用	关键数据使用维修手册确认	查询电路原理图	5			
		查询技术参数	5			

续上表

考核内容		考核点及评分要求	分值	扣分	得分	备注
热线、热膜式空气流量计检测技术方案与实施	操作步骤	传感器外观检查 □未检查或判断错误，扣5分	5			
		传感器电源、信号线在路静态电压测量 □测量方法错误，扣2分/项 □测量结果错误，扣4分/项	6			
		传感器拆卸 □未拆卸，扣5分	5			
		传感器安装情况检查 □未检查或判断错误，扣5分	5			
		传感器电源、信号线开路电压测量 □测量方法错误，扣2分/项 □测量结果错误，扣4分/项	6			
		传感器内阻检测 □未检查或判断错误，扣5分	5			
		传感器导线电阻检测，断路、短路判断 □测量方法错误，扣2分/项 □测量结果错误，扣4分/项	6			
		传感器安装 □安装(扭矩)错误，扣5分	5			
		传感器信号波形测量 □测量方法错误，扣2分/项 □测量结果错误，扣4分/项	6			
		传感器数据流读取 □未读取或判断错误，扣5分	5			
		传感器性能试验 □未试验或判断错误，扣5分	6			
		传感器正常与否判断 □判断错误，扣5分	5			
	否决项	操作过程中造成人员或者工具设备损伤	/			本次考核记零分
		不按要求进行危险操作，裁判可终止考核	/			

续上表

考核内容		考核点及评分要求	分值	扣分	得分	备注
作业后整理	清洁工具、工作台、场地、设备等	清洁	2			
		用过的清洁布、车内三件套等放入垃圾桶	3			
作业规范	按规定流程和方法进行作业	流程清楚，方法正确	5			
安全和5S	整个工作过程中的安全与5S	场地整洁，物品摆放有序	5			
		无安全问题	5			
合计			100			

热线、热膜式空气流量计的检测操作工单

项目		热线、热膜式空气流量计检测		日期	
姓名		班级		得分	

车辆信息	整车型号	
	车辆识别代码	
	发动机型号	

一、前期准备	(不需要填写)
二、安全检查	
三、维修手册查询与记录	1. 请在下面绘制热线、热膜式空气流量计电路原理图。 2. 请查询维修手册中热线、热膜式空气流量计安装时的拧紧扭矩。 拧紧扭矩：＿＿＿＿＿＿＿（手册中无要求记录"无"）

续上表

	1. 热线、热膜式空气流量计外观及插头连接检查：

□正常　　　　□不正常

2. 热线、热膜式空气流量计电源线、信号线与接地线在路静态电压。

端子名称	在路电压标准值	在路电压测量值	结果判断

3. 拆下热线、热膜式空气流量计，检查安装情况：

□正常　　　　□不正常

4. 热线、热膜式空气流量计信号线与电源线开路电压。

端子名称	在路电压标准值	在路电压测量值	结果判断

5. 热线、热膜式空气流量计内部电阻。（元件本身电气特性判断）

端子	端子名称	测量电阻值	结果判断
端子1			
端子2			
端子3			

6. 热线、热膜式空气流量计线束电阻检测。（断路、短路判断）

端子	端子名称	测量电阻值	结果判断
端子1			
端子2			
端子3			

四、检测步骤记录

续上表

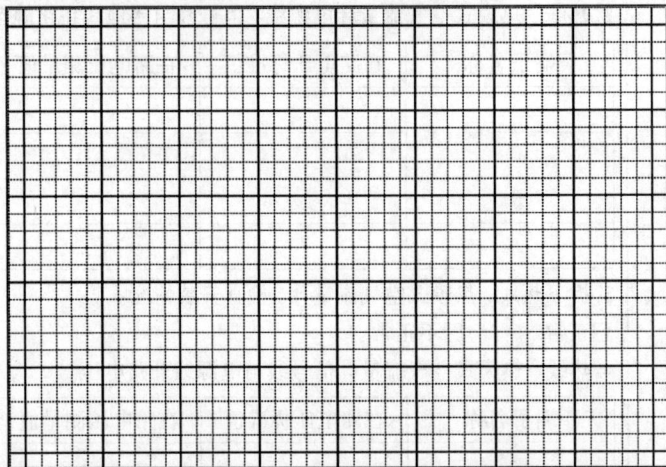

四、检测步骤记录	7. 热线、热膜式空气流量计工作信号波形测试。 CH1 电压：　　　　CH2 电压：　　　　　周期： （方格坐标图） 8. 在不同发动机工况下，读取热线、热膜式空气流量计数据流。

发动机状态	数据流名称	数据值	结果判断

9. 使用电吹风在不同风挡下吹流量计，记录信号电压值。

电吹风挡位	信号端子名称	电压值	结果判断

五、最终结果判断	经检测，该车辆安装的热线、热膜式空气流量计为： □正常　　　　□不正常
六、现场恢复	恢复仪器设备，恢复防护件，清洁场地 （不需要填写）

J02-17　独立式点火线圈的检测

1. 任务描述

在规定时间内，完成对点火线圈的检测，按要求填写记录表单并根据测量结果分析判断点火线圈的好坏。

(1)查阅维修手册中点火线圈电路原理图；

(2)绘制点火线圈电路原理图，并在图中标注出线路名称、颜色、截面积、端子号；

(3)对点火线圈进行外观检查；

(4)使用诊断仪对点火线圈数据流进行读取；

(5)对点火线圈进行在路信号电压测量；

(6)对点火线圈进行开路测量。

2. 实施条件

(1)工位要求

①每个工位要求场地在 15~20 m²，设置 6 个工位；

②每个工位配有 1 m×0.6 m 的工作台；

③配有尾气排放装置；

④每个工位准备三个回收不同类型废料的垃圾桶；

⑤配有灭火装置、电鼓、气鼓、LED 照明灯。

(2)工具仪器设备清单(每个工位的配置)

序号	仪器设备/工具名称	说明
1	实训车辆	
2	数字万用表	
3	试灯	
4	维修手册	
5	工具车	放置工具、量具
6	接线盒	
7	套装工具(150 件组套)	世达
8	示波器	优利德

续上表

序号	仪器设备/工具名称	说明
9	诊断仪	元征431
10	摄温枪(或温度计)	

(3)辅助材料清单(每个工位的配置)

序号	辅助材料名称	说明
1	车内外防护套装	
2	三角木	
3	抹布	若干
4	保险片	10A
5	导线	
6	热缩管	
7	点火线圈	
8	笔	
9	秒表	
10	书写垫板	

3.考核时量

考核时限:60分钟。

4.评分细则

独立式点火线圈的检测评分标准

考核内容		考核点及评分要求	分值	扣分	得分	备注
作业准备		穿工作服与安全鞋,女性要求戴帽	1			
		车辆信息填写	1			
		工具、备件检查	1			
		车辆防护及基本检查	2			
维修手册使用	关键数据使用维修手册确认	查询电路原理图	5			
		查询技术参数	5			

续上表

考核内容		考核点及评分要求	分值	扣分	得分	备注
独立式点火线圈检测技术方案与实施	操作步骤	点火线圈外观检查 □未检查或判断错误,扣5分	5			
		点火线圈电源、信号线在路静态电压测量 □测量方法错误,扣2分/项 □测量结果错误,扣4分/项	8			
		点火线圈拆卸 □未拆卸,扣5分	5			
		点火线圈安装情况检查 □未检查或判断错误,扣5分	5			
		点火线圈电源、信号线开路电压测量 □测量方法错误,扣2分/项 □测量结果错误,扣4分/项	8			
		点火线圈内阻检测 □未检查或判断错误,扣5分	5			
		点火线圈导线电阻检测,断路、短路判断 □测量方法错误,扣2分/项 □测量结果错误,扣4分/项	10			
		点火线圈安装 □安装(扭矩)错误,扣5分	5			
		点火线圈信号波形测量 □测量方法错误,扣2分/项 □测量结果错误,扣4分/项	8			
		点火线圈正常与否判断 □判断错误,扣5分	6			
	否决项	操作过程中造成人员或者工具设备损伤				本次考核记零分
		不按要求进行危险操作,裁判可终止考核				
作业后整理	清洁工具、工作台、场地、设备等	清洁	2			
		用过的清洁布、车内三件套等放入垃圾桶	3			
作业规范	按规定流程和方法进行作业	流程清楚,方法正确	5			

续上表

考核内容		考核点及评分要求	分值	扣分	得分	备注
安全和5S	整个工作过程中的安全与5S	场地整洁，物品摆放有序	5			
		无安全问题	5			
合计			100			

独立式点火线圈的检测操作工单

项目		独立式点火线圈检测		日期	
姓名		班级		得分	

车辆信息	整车型号	
	车辆识别代码	
	发动机型号	

一、前期准备	（不需要填写）
二、安全检查	

三、维修手册查询与记录	1. 请在下面绘制独立式点火线圈电路原理图。 2. 请查询维修手册中独立式点火线圈安装时的拧紧扭矩。 拧紧扭矩：_____（手册中无要求记录"无"）
四、检测步骤记录	1. 独立式点火线圈外观及插头连接检查： □正常　　　　□不正常 2. 独立式点火线圈电源线、信号线在路静态电压。

端子名称	在路电压标准值	在路电压测量值	结果判断

3. 拆下独立式点火线圈，检查安装情况：
□正常　　　　□不正常

续上表

	4. 独立式点火线圈信号线与电源线开路电压。
	<table><tr><td>端子名称</td><td>在路电压标准值</td><td>在路电压测量值</td><td>结果判断</td></tr><tr><td></td><td></td><td></td><td></td></tr><tr><td></td><td></td><td></td><td></td></tr></table>

5. 独立式点火线圈内部电阻。(元件本身电气特性判断)

端子1名称	端子2名称	测量电阻值	结果判断

6. 独立式点火线圈线束电阻检测。(断路、短路判断)

端子1名称	端子2名称	测量电阻值	结果判断

四、检测步骤记录

7. 独立式点火线圈工作信号波形测试。

CH1 电压：　　　CH2 电压：　　　　　周期：

五、最终结果判断	经检测，该车辆安装的热线、热膜式空气流量计为： □正常　　　□不正常
六、现场恢复	恢复仪器设备，恢复防护件，清洁场地 (不需要填写)

J02-18 曲轴位置传感器的检测

1. 任务描述

在规定时间内，完成对曲轴位置传感器的检测，按要求填写记录表单并根据测量结果分析判断曲轴位置传感器的好坏。

(1) 查阅维修手册中曲轴位置传感器电路原理图；

(2) 绘制曲轴位置传感器电路原理图，并在图中标注出线路名称、颜色、截面积、端子号；

(3) 对曲轴位置传感器进行外观检查；

(4) 使用诊断仪对曲轴位置传感器数据流进行读取；

(5) 对曲轴位置传感器进行在路信号电压测量；

(6) 对曲轴位置传感器进行开路测量。

2. 实施条件

(1) 工位要求

①每个工位要求场地在 $15\sim20\ m^2$，设置 6 个工位；

②每个工位配有 1 m×0.6 m 的工作台；

③配有尾气排放装置；

④每个工位准备三个回收不同类型废料的垃圾桶；

⑤配有灭火装置、电鼓、气鼓、LED 照明灯。

(2) 工具仪器设备清单(每个工位的配置)

序号	仪器设备/工具名称	说明
1	实训车辆	
2	数字万用表	
3	试灯	
4	维修手册	
5	工具车	放置工具、量具
6	接线盒	
7	套装工具(150件组套)	世达

续上表

序号	仪器设备/工具名称	说明
8	示波器	优利德
9	诊断仪	元征 431
10	摄温枪(或温度计)	

（3）辅助材料清单(每个工位的配置)

序号	辅助材料名称	说明
1	车内外防护套装	
2	三角木	
3	抹布	若干
4	保险片	10A
5	导线	
6	热缩管	
7	曲轴位置传感器	
8	笔	
9	秒表	
10	书写垫板	

3.考核时量

考核时限：60 分钟。

4.评分细则

曲轴位置传感器的检测评分标准

考核内容		考核点及评分要求	分值	扣分	得分	备注
作业准备		穿工作服与安全鞋，女性要求戴帽	1			
		车辆信息填写	1			
		工具、备件检查	1			
		车辆防护及基本检查	2			
维修手册使用	关键数据使用维修手册确认	查询电路原理图	3			
		查询技术参数	2			

续上表

考核内容		考核点及评分要求	分值	扣分	得分	备注
凸轮轴位置传感器检测技术方案与实施	操作步骤	凸轮轴位置传感器外观及插头连接、安装状况检查 □未检查，扣2分	5			
		在路测量凸轮轴位置传感器信号线与接地线电压并记录 □操作错误，扣5分/项 □判断错误，扣2分/项	8			
		关闭点火开关 □操作错误，扣2分/项	5			
		拔下凸轮轴位置传感器插头，拆下凸轮轴位置传感器，检查信号轮 □操作或判断错误，扣3分/项	5			
		凸轮轴位置传感器信号线与接地线开路静态电压检测 □未测量或方法错误，扣2分/项 □判断错误，扣2分/项	8			
		测量凸轮轴位置传感器内部电阻，判断有无短路故障 □未测量或方法错误，扣2分/项 □判断错误，扣2分/项	8			
		测量凸轮轴位置传感器线束电阻，判断有无断路、短路故障 □未测量或方法错误，扣2分/项 □判断错误，扣2分/项	8			
		安装凸轮轴位置传感器 □安装扭矩错误，扣2分/项	2			
		连接凸轮轴位置传感器 □连接错误，扣2分/项	2			
		启动发动机，测量凸轮轴位置传感器波形 □测量方法错误，扣2分/项 □波形绘制错误，扣3分/项	5			

续上表

考核内容		考核点及评分要求	分值	扣分	得分	备注
凸轮轴位置传感器检测技术方案与实施	操作步骤	判断凸轮轴位置传感器正常与否 □判断错误，扣5分	5			
		打开点火开关，清除故障代码	5			
		关闭点火开关，整理收复诊断检测设备	2			
	否决项	操作过程中造成人员或者工具设备损伤	2			本次考核记零分
		不按要求进行危险操作，裁判可终止考核				
作业后整理	清洁工具、工作台、场地、设备等	清洁	2			
		用过的清洁布、车内三件套等放入垃圾桶	3			
作业规范	按规定流程和方法进行作业	流程清楚，方法正确	5			
安全和5S	整个工作过程中的安全与5S	场地整洁，物品摆放有序	5			
		无安全问题	5			
合计			100			

曲轴位置传感器的检测操作工单

项目		曲轴位置传感器检测		日期	
姓名			班级		得分	
车辆信息	整车型号				
	车辆识别代码				
	发动机型号				

一、前期准备	（不需要填写）
二、安全检查	
三、维修手册查询与记录	1. 请在下面绘制曲轴位置传感器电路原理图。 2. 请查询维修手册中曲轴位置传感器安装时的拧紧扭矩。 拧紧扭矩：_____（手册中无要求记录"无"）

续上表

四、检测步骤记录	1. 曲轴传感器外观及插头连接、安装状况检查： □正常　　　　□不正常 2. 曲轴位置传感器电源线、信号线与接地线在路静态电压。 3. 拆下曲轴位置传感器，检查信号轮情况： □正常　　　　□不正常 4. 曲轴位置传感器信号线与接地线开路静态电压。 5. 曲轴传感器内部电阻。（元件本身电气特性判断） 6. 曲轴传感器线束电阻检测。（断路、短路判断） 7. 曲轴传感器工作信号波形测试。 CH1 电压：　　　CH2 电压：　　　　周期：

2. 曲轴位置传感器电源线、信号线与接地线在路静态电压。

端子名称	在路电压标准值	在路电压测量值	结果判断

4. 曲轴位置传感器信号线与接地线开路静态电压。

端子名称	在路电压标准值	在路电压测量值	结果判断

6. 曲轴传感器线束电阻检测。（断路、短路判断）

端子1名称	端子2名称	测量电阻值	结果判断

端子1名称	端子2名称	测量电阻值	结果判断

五、最终结果判断	经检测，该车辆安装的曲轴传感器为： □正常　　　　□不正常
六、现场恢复	恢复仪器设备，恢复防护件，清洁场地 （不需要填写）

J03-01 减震器的拆装与检查

1.任务描述

在规定时间内,要求学生能完成汽车减振器的各项技术指标的检查。会使用拆装工具,能够参照维修手册要求正确拆装车辆后轮减振器总成,并能检查减振器的技术状况,同时完成工单的填写。

作业中要求较熟练地查阅维修资料、正确使用工量具和仪器设备、准确测量技术参数、正确记录作业过程和测试数据,做到安全文明作业。

2.实施条件

(1)工位要求

①每个工位要求场地在 15~20 m²,设置 6 个工位;

②每个工位配有 1 m×0.6 m 的工作台;

③每个工位准备三个回收不同类型废料的垃圾桶;

④配有电鼓、气鼓、LED 照明灯;

⑤每个工位应配有举升机。

(2)工具仪器设备清单(每个工位的配置)

序号	名称	说明	数量
1	整车		1辆
2	工具车	配备常用工具	1台
3	零件车	放置零部件	1台
4	扭力扳手	0~100 N·m	1把
5	弹簧张紧器	用于压缩螺旋弹簧	1套
6	维修手册	与被检车型配套	1套

(3)辅助材料清单(每个工位的配置)

序号	名称	说明	数量
1	清洁抹布		若干
2	室内三件套		1套

续上表

序号	名称	说明	数量
3	车外三件套		1套

3. 考核时量

考核时限：60 分钟。

4. 评分细则

减震器的拆装与检查评分标准

考核内容		考核点及评分要求	分值	扣分	得分	备注
作业准备		穿工作服与安全鞋，女性要求戴帽	2			
		车辆信息填写	1			
		工具、备件检查	2			
维修手册使用	关键数据使用维修手册确认	查询操作流程	2			
		查询技术参数	2			
减震器的拆装与检查	操作步骤	安装室内三件套	4			
		降下主驾驶侧车窗玻璃	4			
		安装车外三件套	4			
		挂 P 挡或空挡，启用驻车制动	4			
		轮胎螺栓卸力	4			
		正确操作举升机举升至合适位置	4			
		正确拆卸车轮	5			
		用弹簧张紧装置固定后螺旋弹簧	6			
		正确拆卸减震器固定螺栓	5			
		取下减震器并进行检查	5			
		正确安装减震器	6			
		将减震器固定螺栓拧至规定力矩	5			
		安装车轮，用手拧入所有车轮螺栓	5			
		将车轮固定螺栓对角拧至规定力矩	5			
		操作举升机，放下车辆	5			
	否决项	操作过程中造成人员或者工具设备损伤				本次考核记零分
		不按要求进行危险操作，裁判可终止考核				

续上表

考核内容		考核点及评分要求	分值	扣分	得分	备注
作业后整理	清洁工具、工作台、场地、设备等	清洁车辆	2			
		用过的清洁布、车内三件套等放入垃圾桶	2			
作业规范	按规定流程和方法进行作业	流程清楚，方法正确	2			
安全和5S	整个工作过程中的安全与5S	场地整洁，物品摆放有序	2			
		无安全问题	2			
维修工单		按要求填写，记录准确	10			
合计			100			

减震器的拆装与检查操作工单

项目	减震器的拆装与检查		日期	
姓名		班级	得分	

车辆信息	整车型号	
	车辆识别代码	
	发动机型号	

一、前期准备	（不需要填写）
二、安全检查	

三、减震器拆装	1.在完成下列项目后进行打钩标记。 □安装座椅、地板、方向盘三件套 □降下主驾驶侧车窗玻璃 □安装车外三件套 □挂P挡(手动挂空挡)，启用驻车制动 □放置车轮挡块 □正确拆卸车轮 □正确操作举升机举升至合适位置 □用弹簧张紧装置固定后螺旋弹簧 □正确拆卸减震器固定螺栓 □取下减震器并进行检查 □正确安装减震器 □将减震器固定螺栓拧至规定力矩 □安装车轮用手拧入所有车轮螺栓 □将车轮固定螺栓对角拧至规定力矩 □操作举升机，放下车辆

续上表

四、减震器检查	1. 检查减振器漏油和变形情况。 □正常 □ 不正常
	2. 检查减振器阻尼力和异响。 □正常 □ 不正常
五、资料查询	1. 轮胎螺栓拧紧力矩： 2. 减震器上支座螺栓拧紧力矩： 3. 减震器下支座螺栓拧紧力矩：
六、现场恢复	（不需要填写）

J03-02 自动变速器电磁阀检测

1.任务描述

在规定时间内，要求学生在工作台上进行自动变速器油底壳及电磁阀的拆装。要求学生能对自动变速器的换挡电磁阀和油压调节电磁阀进行检测，主要检测电磁阀的电阻值和电磁阀的工作情况，并能根据检测结果做出正确的维修结论，同时完成工单的填写。

作业中要求较熟练地查阅维修资料、正确使用工量具和仪器设备、准确测量技术参数、正确记录作业过程和测试数据，做到安全文明作业。

2.实施条件

（1）工位要求

①每个工位要求场地在 $15~20 \text{ m}^2$，设置 6 个工位；

②每个工位配有 1 m×0.6 m 的工作台；

③每个工位准备三个回收不同类型废料的垃圾桶；

④配有电鼓、气鼓、LED 照明灯。

（2）工具仪器设备清单（每个工位的配置）

序号	名称	说明	数量
1	自动变速器		1 台
2	工具车	配备常用工具	1 台
3	蓄电池		1 个
4	数字式万用表		1 台
5	连接线		1 套
6	灯泡带灯座	8~10 W	1 个
7	气枪		1 把
8	油盆		1 个
9	维修手册	与被测自动变速器一致	1 套

（3）辅助材料清单（每个工位的配置）

序号	名称	说明	数量
1	清洁抹布		若干
2	ATF		1 瓶

3.考核时量

考核时限：60 分钟。

4.评分细则

自动变速器电磁阀检测评分标准

考核内容		考核点及评分要求	分值	扣分	得分	备注
作业准备		穿工作服与安全鞋，女性要求戴帽	2			
		车辆信息填写	1			
		工具、备件检查	2			
维修手册使用	关键数据使用维修手册确认	查询操作流程	2			
		查询技术参数	2			
自动变速器电磁阀检测	操作步骤	拆卸变速器油底壳	5			
		拆卸电磁阀线束	5			
		拆卸换挡电磁阀	6			
		用万用表正确检查换挡电磁阀电阻	8			
		检查换挡电磁阀工作情况	8			
		拆卸脉冲式油压电磁阀	6			
		用万用表检查脉冲式油压电磁阀电阻	8			
		检查脉冲式油压电磁阀工作情况	8			
		安装电磁阀	6			
		安装电磁阀线束	6			
		安装变速器油底壳	5			
	否决项	操作过程中造成人员或者工具设备损伤				本次考核记零分
		不按要求进行危险操作，裁判可终止考核				
作业后整理	清洁工具、工作台、场地、设备等	清洁	2			
		用过的清洁布、车内三件套等放入垃圾桶	2			
作业规范	按规定流程和方法进行作业	流程清楚，方法正确	2			
安全和 5S	整个工作过程中的安全与 5S	场地整洁，物品摆放有序	2			
		无安全问题	2			
	维修工单	按要求填写，记录准确	10			
合计			100			

自动变速器电磁阀检测操作工单

项目	自动变速器电磁阀检测		日期	
姓名		班级	得分	

自动变速器型号	
一、前期准备	（不需要填写）
二、安全检查	

三、电磁阀拆装检测	在完成下列项目后进行打钩标记。 □拆卸变速器油底壳 □拆卸电磁阀线束 □拆卸换挡电磁阀 □用万用表正确检查换挡电磁阀电阻 □检查换挡电磁阀工作情况 □拆卸脉冲式油压电磁阀 □用万用表检查脉冲式油压电磁阀电阻 □检查脉冲式油压电磁阀工作情况 □安装电磁阀 □安装电磁阀线束 □安装变速器油底壳
四、电磁阀电阻检测	1. 检测换挡电磁阀电阻： □正常 □ 不正常 2. 检测油压调节电磁阀电阻： □正常　　□ 不正常
五、电磁阀动作测试	1. 检查换挡电磁阀工作情况：将蓄电池正极接电磁线圈连接器端子，负极与电磁阀外壳接触，电磁阀应有动作、声音；对常闭开关式电磁阀，在其进油口端施加490kPa 的压缩空气；电磁阀不通电（关断）时，应不漏气；电磁阀通电（接通）时，气应畅通。（对常开式电磁阀则相反） 通电时情况：□空气畅通；□空气不泄漏 断电时情况：□空气畅通；□空气不泄漏 2. 检查脉冲式油压电磁阀：在蓄电池正极串联一个 8~10 W 的灯泡，并将其接于电磁阀的一端；当将蓄电池另一端与电磁阀接通时，电磁阀应向外伸出；断开时，电磁阀应缩回。 通电时情况：□阀芯伸出；□阀芯缩回 断电时情况：□阀芯伸出；□阀芯缩回
六、资料查询	1. 换挡电磁阀电阻： 2. 油压调节电磁阀电阻： 3. 变速器油底壳螺栓拧紧力矩：
七、现场恢复	（不需要填写）

J03-03　盘式制动器的拆装与检测

1.任务描述

在规定时间内，要求学生能就车对盘式制动器进行拆装与检测。检查制动盘表面情况，检查轮缸泄漏及防护罩老化情况等，检测制动盘厚度和圆跳动，检测摩擦片磨损量，并能根据检测结果做出正确的维修结论。

作业中要求较熟练地查阅维修资料、正确使用工量具和仪器设备、准确测量技术参数、正确记录作业过程和测试数据，做到安全文明作业。

2.实施条件

（1）工位要求

①每个工位要求场地在 15~20 m²；

②每个工位配有 1 m×0.6 m 的工作台；

③每个工位准备三个回收不同类型废料的垃圾桶；

④配有电鼓、气鼓、LED 照明灯；

⑤每个工位应配有举升机。

（2）工具仪器设备清单（每个工位的配置）

序号	名称	说明	数量
1	整车		1辆
2	扭力扳手		1把
3	工具车	配备常用工具	1台
4	零件车		1台
5	S型钩		1个
6	千分尺	0~25 mm；25~50 mm	1把
7	百分表和磁性表座	0.01 mm	1套
8	游标卡尺		1把
9	钢直尺		1把
10	维修手册	与被检车型一致	1套

（3）辅助材料清单（每个工位的配置）

序号	名称	说明	数量
1	清洁抹布		若干
2	砂纸		1 张
3	记号笔		1 支
4	车内三件套		1 套
5	车外三件套		1 套

3. 考核时量

考核时限：60 分钟。

4. 评分细则

盘式制动器的拆装与检测评分标准

考核内容		考核点及评分要求	分值	扣分	得分	备注
作业准备		穿工作服与安全鞋，女性要求戴帽	2			
		车辆信息填写	1			
		工具、备件检查	2			
维修手册使用	关键数据使用维修手册确认	查询操作流程	2			
		查询技术参数	2			
盘式制动器的拆装与检测	操作步骤	安装车内外三件套	1			
		举升机顶举车辆位置正确	1			
		顶举前释放手刹	1			
		车辆顶举高度合适	1			
		车辆举升完成后举升机保险锁止	1			
		对角松开轮胎螺母	1			
		轮胎放置正确	1			
		拆卸并固定制动钳	2			
		拆下制动摩擦块	2			
		清理制动钳支架	2			
		检查前清洁制动盘	2			
		目测检查制动盘表面状况	2			
		清洁千分尺并校零	2			

续上表

考核内容		考核点及评分要求	分值	扣分	得分	备注
盘式制动器的拆装与检测	操作步骤	距制动盘边缘 15 mm 处测量制动盘厚度	5			
		测量制动盘圆周上均布的 4 个点的厚度值	5			
		用轮胎螺母按规定力矩将制动盘紧固	2			
		安装百分表及表座	5			
		在距制动盘边缘 15 mm 处测量跳动量	5			
		测量并记录端面跳动量	5			
		目测检查摩擦块摩擦面	2			
		用钢尺测量摩擦块两个边缘的厚度	5			
		目测检查制动轮缸	2			
		检查制动钳导销是否自由移动	2			
		安装制动摩擦块	2			
		安装车轮,用手拧入所有车轮螺栓	2			
		对角依次预紧轮胎螺母	2			
		操作举升机降下车辆	2			
		拉紧手刹	2			
		用扭力扳手将轮胎螺母紧固	2			
		踩下制动踏板使制动活塞复位	2			
	否决项	操作过程中造成人员或者工具设备损伤	/			本次考核记零分
		不按要求进行危险操作,裁判可终止考核				
作业后整理	清洁工具、工作台、场地、设备等	清洁	2			
		用过的清洁布、车内三件套等放入垃圾桶	2			
作业规范	按规定流程和方法进行作业	流程清楚,方法正确	2			
安全和 5S	整个工作过程中的安全与 5S	场地整洁,物品摆放有序	2			
		无安全问题	2			
	维修工单	按要求填写,记录准确	10			
合计			100			

盘式制动器的拆装与检测操作工单

项目		盘式制动器的拆装与检测		日期	
姓名		班级		得分	

车辆信息	整车型号	
	车辆识别代码	
	发动机型号	

一、前期准备	（不需要填写）
二、安全检查	

三、盘式制动器的拆装与检测	在完成下列项目后进行打钩标记。 □安装车内外三件套 □举升机顶举车辆位置正确 □顶举前释放手刹 □车辆顶举高度合适 □车辆举升完成后举升机保险锁止 □对角松开轮胎螺母 □轮胎放置正确 □拆卸并固定制动钳 □拆下制动摩擦块 □清理制动钳支架 □检查前清洁制动盘 □目测检查制动盘表面状况 □清洁千分尺并校零 □在距制动盘边缘 15 mm 处测量制动盘厚度 □测量制动盘圆周上均布的 4 个点的厚度值 □用轮胎螺母按规定力矩将制动盘紧固 □安装百分表及表座 □在距制动盘边缘 15 mm 处测量跳动量 □测量并记录端面跳动量 □目测检查摩擦块摩擦面 □用钢尺测量并记录摩擦块两个边缘的厚度 □目测检查制动轮缸 □检查制动钳导销是否自由移动 □安装制动摩擦块 □安装车轮 □对角依次预紧轮胎螺母 □操作举升机降下车辆 □拉紧手刹 □车辆落地后用扭力扳手将轮胎螺母紧固 □踩下制动踏板使制动活塞复位

续上表

四、外观检查	被检零件表面状况。 制动盘： □正常 □ 不正常 摩擦块： □正常 □ 不正常 制动轮缸及防护罩： □正常 □ 不正常 制动钳导销及防护罩： □正常 □ 不正常
五、测量数据	1.制动盘厚度： 测量值： □正常 □ 不正常 2.制动盘跳动量： 测量值： □正常 □ 不正常 3.摩擦块厚度： 内摩擦块测量值： □正常 □ 不正常 外摩擦块测量值： □正常 □ 不正常
六、资料查询	1.制动盘厚度： 标准值： 2.制动盘跳动量： 标准值： 3.摩擦块厚度： 标准值： 4.轮胎螺栓拧紧力矩： 标准值：
七、现场恢复	（不需要填写）

J03-04　更换麦弗逊悬架下摆臂总成

1. 任务描述

在规定时间内,要求学生完成麦弗逊悬架下摆臂及球节总成的更换。主要考查学生对下摆臂及球节总成拆装流程的正确掌握,并涉及总成零部件的检查。

作业中要求较熟练地查阅维修资料、正确使用工量具和仪器设备、正确记录作业过程和检查结论,做到安全文明作业。

2. 实施条件

(1)工位要求

①每个工位要求场地在 $15 \sim 20 \ m^2$;

②每个工位配有 1 m×0.6 m 的工作台;

③每个工位准备三个回收不同类型废料的垃圾桶;

④配有电鼓、气鼓、LED 照明灯;

⑤每个工位应配有举升机。

(2)工具仪器设备清单(每个工位的配置)

序号	名称	说明	数量
1	整车		1 辆
2	扭力扳手		1 把
3	工具车	配备常用工具	1 台
4	零件车		1 台
5	下悬臂球节拉器		1 个
6	横拉杆外球节拉器		1 个
7	毛刷		1 把
8	记号笔		1 把
9	维修手册	与被检车型一致	1 套

(3)辅助材料清单(每个工位的配置)

序号	名称	说明	数量
1	清洁抹布		若干

165

续上表

序号	名称	说明	数量
2	记号笔		1支
3	车内三件套		1套
4	车外三件套		1套

3.考核时量

考核时限：60分钟。

4.评分细则

更换麦弗逊悬架下摆臂总成评分标准

考核内容		考核点及评分要求	分值	扣分	得分	备注
作业准备		穿工作服与安全鞋，女性要求戴帽	2			
		车辆信息填写	1			
		工具、备件检查	2			
维修手册使用	关键数据使用维修手册确认	查询操作流程	2			
		查询技术参数	2			
更换麦弗逊悬架下摆臂总成	操作步骤	安装车内外三件套	2			
		举升机顶举车辆位置正确	3			
		顶举前拉紧手刹	3			
		车辆顶举高度合适	3			
		车辆举升完成后举升机保险锁止	3			
		对角松开轮胎螺母	2			
		轮胎放置正确	2			
		拆卸横向稳定杆稳定连接杆	2			
		拆卸转向横拉杆外球节锁止螺母	2			
		使用SST分离转向横拉杆外球节	2			
		拆卸下摆臂球节锁止螺母	2			
		使用SST分离下摆臂球节	3			
		拆卸下摆臂固定螺栓	2			
		正确取下下摆臂	2			
		检查球节	3			
		检查胶套	3			
		检查下摆臂变形	3			

续上表

考核内容		考核点及评分要求	分值	扣分	得分	备注
更换麦弗逊悬架下摆臂总成	操作步骤	安装下摆臂及球节总成	2			
		安装下摆臂固定螺栓	2			
		安装下摆臂球节	2			
		安装下摆臂球节锁止螺母	2			
		安装转向横拉杆外球节	2			
		安装转向横拉杆外球节锁止螺母	2			
		安装横向稳定杆稳定连接杆	2			
		检查安装效果	3			
		安装车轮，用手拧入所有轮胎螺栓	3			
		对角依次预紧轮胎螺母	3			
		操作举升机降下车辆	3			
		用扭力扳手将轮胎螺母紧固	3			
	否决项	操作过程中造成人员或者工具设备损伤	/			本次考核记零分
		不按要求进行危险操作，裁判可终止考核				
作业后整理	清洁工具、工作台、场地、设备等	清洁	2			
		用过的清洁布、车内三件套等放入垃圾桶	2			
作业规范	按规定流程和方法进行作业	流程清楚，方法正确	2			
安全和5S	整个工作过程中的安全与5S	场地整洁，物品摆放有序	2			
		无安全问题	2			
维修工单		按要求填写，记录准确	10			
合计			100			

更换麦弗逊悬架下摆臂总成操作工单

项目	更换麦弗逊悬架下摆臂总成		日期	
姓名		班级	得分	
车辆信息	整车型号			
	车辆识别代码			
	发动机型号			
一、前期准备	（不需要填写）			
二、安全检查				

续上表

项目	更换麦弗逊悬架下摆臂总成	日期	
三、更换麦弗逊悬架下摆臂总成	在完成下列项目后进行打钩标记。 □安装车内外三件套 □举升机顶举车辆位置正确 □顶举前拉紧手刹 □车辆顶举高度合适 □车辆举升完成后举升机保险锁止 □对角松开轮胎螺母 □轮胎放置正确 □拆卸横向稳定杆稳定连接杆 □拆卸转向横拉杆外球节锁止螺母 □使用专用工具分离转向横拉杆外球节 □拆卸下摆臂球节锁止螺母 □使用专用工具分离下摆臂球节 □拆卸下摆臂固定螺栓 □正确取下下摆臂 □检查球节 □检查胶套 □检查下摆臂变形 □安装下摆臂及球节总成 □安装下摆臂固定螺栓 □安装下摆臂球节 □安装下摆臂球节锁止螺母 □安装转向横拉杆外球节 □安装转向横拉杆外球节锁止螺母 □安装横向稳定杆稳定连接杆 □检查安装效果 □安装车轮，用手拧入所有轮胎螺栓 □对角依次预紧轮胎螺母 □操作举升机降下车辆 □车辆落地后用扭力扳手将轮胎螺母紧固		
四、外观检查	被检零件状况。 球节：　　□正常 □ 不正常 胶套：　　□正常 □ 不正常 摆臂：　　□正常 □ 不正常		
五、资料查询	1.下摆臂球节锁止螺母拧紧力矩：＿＿＿＿＿＿＿＿； 2.转向横拉杆外球节锁止螺母拧紧力矩：＿＿＿＿＿＿； 3.横向稳定杆稳定连接杆连接螺栓拧紧力矩：＿＿＿＿＿＿ 4.轮胎螺栓拧紧力矩：＿＿＿＿＿＿＿。		
六、现场恢复	（不需要填写）		

J03-05 膜片式离合器总成的拆装与检测

1. 任务描述

在规定时间内，要求学生能正确拆卸和安装离合器总成，并对已经拆下来的离合器总成进行检测。主要检查离合器盖、从动盘、扭转减震器的变形和磨损，检测压盘、膜片弹簧、从动盘的磨损和工作情况，并能根据检测结果做出正确的维修结论。

作业中要求较熟练地查阅维修资料、正确使用工量具和仪器设备、正确记录作业过程和检查结论，做到安全文明作业。

2. 实施条件

(1) 工位要求

①每个工位要求场地在 15~20 m²；

②每个工位配有 1 m×0.6 m 的工作台；

③每个工位准备三个回收不同类型废料的垃圾桶；

④配有电鼓、气鼓、LED 照明灯；

⑤每个工位应配有举升机。

(2) 工具仪器设备清单(每个工位的配置)

序号	名称	说明	数量
1	发动机总成带离合器		1台
2	扭力扳手		1把
3	工具车	配备常用工具	1台
4	零件车		1台
5	离合器中心对中工具	用于安装离合器总成	1个
6	游标卡尺	0~20 mm	1把
7	厚薄规		1把
8	检测平板		1块
9	记号笔		1把
10	维修手册	与被检车型一致	1套
11	飞轮固定专用工具		1个
12	刀口尺		1把

续上表

序号	名称	说明	数量
13	磁性表座		1套
14	百分表		1个
15	专用工具	用于分离指内端测量	

（3）辅助材料清单（每个工位的配置）

序号	名称	说明	数量
1	清洁抹布		若干
2	记号笔		1支

3.考核时量

考核时限：60分钟。

4.评分细则

膜片式离合器总成的拆装与检测评分标准

考核内容		考核点及评分要求	分值	扣分	得分	备注
作业准备		穿工作服与安全鞋，女性要求戴帽	2			
		车辆信息填写	1			
		工具、备件检查	2			
维修手册使用	关键数据使用维修手册确认	查询操作流程	2			
		查询技术参数	2			
膜片式离合器总成的拆装与检测	操作步骤	用专用工具固定飞轮	2			
		拆卸前离合器盖与飞轮做好对位记号	3			
		按对角顺序依次松开离合器盖螺栓	2			
		取下从动盘和离合器盖组件	2			
		清洁被测零件	3			
		目测检查压盘表面状况	3			
		检查弹簧连接和铆钉连接	3			
		测量前清洁量具	2			
		用厚薄规测量离合器压盘平面度	3			
		测量分离指磨损凹槽的宽度和深度	3			
		用专用工具测量弹簧分离指高度	5			

续上表

考核内容		考核点及评分要求	分值	扣分	得分	备注
膜片式离合器总成的拆装与检测	操作步骤	目测检查从动盘有无裂损	2			
		目测检查从动盘花键毂是否磨损和损伤	2			
		目测检查减振弹簧是否弹力衰损和损伤	2			
		测量前清洁量具和被测零件	2			
		测量从动盘铆钉沉入量	5			
		安装磁性表座和百分表	3			
		清洁飞轮表面	2			
		测量飞轮的端面圆跳动量	5			
		用专用工具安装从动盘和离合器盖组件	2			
		从动盘安装方向正确	2			
		对位记号正确	5			
		用手均匀地旋入所有螺栓	2			
		对角安装离合器固定螺栓	2			
		拧紧离合器固定螺栓至规定力矩	2			
		拆卸飞轮固定工具	2			
	否决项	操作过程中造成人员或者工具设备损伤				本次考核记零分
		不按要求进行危险操作，裁判可终止考核				
作业后整理	清洁工具、工作台、场地、设备等	清洁	2			
		用过的清洁布、车内三件套等放入垃圾桶	2			
作业规范	按规定流程和方法进行作业	流程清楚，方法正确	2			
安全和5S	整个工作过程中的安全与5S	场地整洁，物品摆放有序	2			
		无安全问题	2			
维修工单		按要求填写，记录准确	10			
合计			100			

膜片式离合器总成的拆装与检测操作工单

项目	膜片式离合器总成的拆装与检测		日期	
姓名		班级	得分	

一、前期准备	（不需要填写）
二、安全检查	

三、膜片式离合器总成的拆装与检测	在完成下列项目后进行打钩标记。 □用专用工具固定飞轮 □拆卸前离合器盖与飞轮，做好对位记号 □按对角顺序依次均匀松开离合器盖螺栓 □取下从动盘和离合器盖组件 □清洁被测零件 □目测检查压盘表面状况 □目测检查弹簧连接和铆钉连接 □测量前清洁量具 □用厚薄规测量离合器压盘平面度 □测量分离指磨损凹槽的宽度和深度 □用专用工具测量弹簧分离指高度 □目测检查从动盘有无裂损 □目测检查从动盘花键毂是否磨损和损伤 □目测检查减振弹簧是否弹力衰损和损伤 □测量前清洁量具和被测零件 □测量从动盘铆钉沉入量 □安装磁性表座和百分表 □清洁飞轮表面 □测量飞轮的端面圆跳动量 □用专用工具安装从动盘和离合器盖组件 □从动盘安装方向正确 □对位记号正确 □用手均匀地旋入所有螺栓 □对角安装离合器固定螺栓 □拧紧离合器固定螺栓至规定力矩 □拆卸飞轮固定工具

四、外观检查	被检零件状况。 目测检查压盘表面状况：　　　□正常 □不正常 目测检查弹簧连接和铆钉连接：　　□正常 □不正常 目测检查从动盘有无裂损：　　　　□正常 □不正常 目测检查从动盘花键毂是否磨损和损伤：　　□正常 □不正常 目测检查减振弹簧是否弹力衰损和损伤：　　□正常 □不正常

续上表

五、部件测量	1. 离合器压盘平面度 测量值：　　　　　　　　□正常 □ 不正常 2. 分离指磨损凹槽的宽度和深度 测量值：　　　　　　　　□正常 □ 不正常 3. 弹簧分离指高度 测量值：　　　　　　　　□正常 □ 不正常 4. 从动盘铆钉沉入量 测量值：　　　　　　　　□正常 □ 不正常 5. 飞轮的端面圆跳动量 测量值：　　　　　　　　□正常 □ 不正常
六、资料查询	1. 离合器压盘固定螺栓拧紧力矩：　　标准值： 2. 离合器压盘平面度：　　　　标准值： 3. 分离指磨损凹槽的宽度和深度：　　标准值： 4. 从动盘铆钉沉入量：　　　标准值： 5. 弹簧分离指高度：　　　标准值： 6. 飞轮的端面圆跳动量：　　　标准值：
七、现场恢复	（不需要填写）

J04-01 雨刮器总成拆装与检测

1. 任务描述

在规定时间内，要求学生能就车对雨刮器总成进行拆装与检测。检查雨刮片的磨损情况，完成雨刮器电机的测量。调整雨刮片复位的位置，并能根据检测结果做出正确的维修结论。

作业中要求较熟练地查阅维修资料、正确使用工量具和仪器设备、准确测量技术参数，正确记录作业过程和测试数据，做到安全文明作业。

2. 实施条件

（1）工位要求

①每个工位要求场地在 15~20 m²；

②每个工位配有 1 m×0.6 m 的工作台；

③每个工位准备三个回收不同类型废料的垃圾桶；

④配有电鼓、气鼓、LED 照明灯。

（2）工具仪器设备清单（每个工位的配置）

序号	名称	说明	数量
1	整车		1 辆
2	扭力扳手		1 把
3	工具车	配备常用工具	1 台
4	零件车		1 台
5	雨刮臂拆卸器		1 个
6	维修手册	与被检车型一致	1 套

（3）辅助材料清单（每个工位的配置）

序号	名称	说明	数量
1	清洁抹布		若干
2	车内三件套		1 套
3	车外三件套		1 套

3. 考核时量

考核时限：60 分钟。

4. 评分细则

雨刮器总成拆装与检测评分标准

考核内容		考核点及评分要求	分值	扣分	得分	备注
作业准备		穿工作服与安全鞋，女性要求戴帽	2			
		车辆信息填写	1			
		工具、备件检查	2			
维 修 手 册使用	关键数据使用维 修手册确认	查询操作流程	2			
		查询技术参数	2			
雨刮器 总成拆 装与检 测	操作步骤	安装车内三件套	2			
		降下主驾驶侧车窗玻璃	2			
		打开发动机机舱盖	2			
		安装车外三件套	2			
		将雨刮器运行至复位位置	2			
		关闭启动停止按键及所有用电器	2			
		断开蓄电池负极电缆	5			
		撬下雨刮臂螺母盖罩	2			
		旋出雨刮臂固定螺母	2			
		使用雨刮臂拆卸器拆卸雨刮臂总成	2			
		拆卸通风饰板	2			
		断开前雨刮电机插头	2			
		旋出雨刮器固定螺栓	2			
		取下前雨刮电机及连杆总成	2			
		拆卸雨刮器片	4			
		测量雨刮电机	5			
		安装前雨刮电机及连杆总成	5			
		安装前雨刮电机插头	2			
		安装通风饰板	2			
		安装雨刮臂总成	5			
		安装紧固雨刮器固定螺栓至规定力矩	2			

续上表

考核内容		考核点及评分要求	分值	扣分	得分	备注
雨刮器总成拆装与检测	操作步骤	安装雨刮臂螺母盖罩	2			
		调节雨刮臂安装位置	5			
		安装蓄电池负极电缆	2			
		雨刮复位检查	3			
		关闭启动停止按键及所有用电器	3			
	否决项	操作过程中造成人员或者工具设备损伤				本次考核记零分
		不按要求进行危险操作,裁判可终止考核				
作业后整理	清洁工具、工作台、场地、设备等	清洁	2			
		用过的清洁布、车内三件套等放入垃圾桶	2			
作业规范	按规定流程和方法进行作业	流程清楚,方法正确	2			
安全和5S	整个工作过程中的安全与5S	场地整洁,物品摆放有序	2			
		无安全问题	2			
维修工单		按要求填写,记录准确	10			
合计			100			

雨刮器总成拆装与检测操作工单

项目		雨刮器总成拆装与检测		日期	
姓名		班级		得分	
车辆信息	整车型号				
	车辆识别代码				
	发动机型号				

一、前期准备	（不需要填写）
二、安全检查	

续上表

项目	雨刮器总成拆装与检测	日期	
三、雨刮器总成拆装与检测	1.在完成下列项目后进行打钩标记。 □安装车内三件套 □降下主驾驶侧车窗玻璃 □打开发动机机舱盖 □安装车外三件套 □将雨刮器运行至复位位置 □关闭启动停止按键及所有电器 □断开蓄电池负极电缆 □撬下雨刮臂螺母盖罩 □旋出雨刮臂固定螺母 □使用雨刮臂拆卸器拆卸雨刮臂总成 □拆卸通风饰板 □断开前雨刮电机插头 □旋出雨刮器固定螺栓 □取下前雨刮电机及连杆总成 □拆卸雨刮器片 □测量雨刮电机 □安装前雨刮电机及连杆总成 □安装前雨刮电机插头 □安装通风饰板 □安装雨刮臂总成 □安装紧固雨刮器固定螺栓至规定力矩 □安装雨刮臂螺母盖罩 □调节雨刮臂安装位置 □安装蓄电池负极电缆 □雨刮复位检查 □关闭启动停止按键及所有用电器		
四、外观检查	1.雨刮片检查： □正常 □不正常 2.雨刮复位检查： □正常 □不正常 3.雨刮器功能检查： □正常 □不正常		
五、测量数据	1.雨刮电机低速挡电阻： 测量值： □正常 □不正常 2.雨刮电机高速挡电阻： 测量值： □正常 □不正常		
六、资料查询	1.雨刮臂固定螺母拧紧力矩： 标准值： 2.雨刮电机低速挡电阻： 标准值： 3.雨刮电机高速挡电阻： 标准值：		
七、现场恢复	（不需要填写）		

J04-02　起动机拆装检测与连线测试

1.任务描述

在规定时间内，要求学生能正确分解和组装起动机总成，并对起动机各个零部件进行检测。检测内容为转子的检测、定子的检测、电磁开关的检测、电刷组件的检测、单向离合器的检查以及起动机装复后的检验。线路连接的内容为起动继电器端子的判断、起动机接线端子的判断、线路连接、连接后通电验证并且绘制所连接起动机的控制电路图。

作业中要求较熟练地查阅维修资料、正确使用工量具和仪器设备、正确记录作业过程和检查结论，做到安全文明作业。

2.实施条件

（1）工位要求

①每个工位要求场地在 $15\sim20$ m^2；

②每个工位配有 1 m×0.6 m 的工作台；

③每个工位准备三个回收不同类型废料的垃圾桶；

④配有电鼓、气鼓、LED 照明灯。

（2）工具仪器设备清单（每个工位的配置）

序号	名称	说明	数量
1	工具车	配备常用工具	1 台
2	零件车		1 台
3	数字万用表		1 个
4	诊断跨线		1 盒
5	剥线钳		1 把
6	起动机总成		1 套
7	直板尺		1 把
8	维修手册		1 套

（3）辅助材料清单（每个工位的配置）

序号	名称	说明	数量
1	清洁抹布		若干
2	继电器		1支
3	蓄电池		1个
4	点火开关		1个
5	导线		若干
6	保险丝带插座		2个
7	蓄电池连接夹		2根

3.考核时量

考核时限：60分钟。

4.评分细则

起动机拆装检测与连线测试评分标准

考核内容		考核点及评分要求	分值	扣分	得分	备注
作业准备		穿工作服与安全鞋，女性要求戴帽	2			
		车辆信息填写	1			
		工具、备件检查	2			
维修手册使用	关键数据使用维修手册确认	查询操作流程	2			
		查询技术参数	2			
起动机拆装检测与连线测试	操作步骤	分解起动机	5			
		转子绕组断路、绝缘检测	5			
		定子绕组断路、绝缘检测	5			
		保持线圈检测	5			
		吸拉线圈检测	5			
		碳刷长度检测	5			
		碳刷绝缘情况检测	5			
		单向离合器的检查	5			
		减速齿轮的检查	2			
		起动机小齿轮检查	2			
		起动机拨叉检查	2			
		正确组装起动机	5			

续上表

考核内容		考核点及评分要求	分值	扣分	得分	备注
起动机拆装检测与连线测试	操作步骤	继电器电阻检测	2			
		继电器动作检测	2			
		点火开关检测	2			
		正确判断 ST 端子	2			
		线路连接正确	2			
		功能验证起动机正常运转	5			
		电路图绘制正确	5			
	否决项	操作过程中造成人员或者工具设备损伤				本次考核记零分
		不按要求进行危险操作，裁判可终止考核				
作业后整理	清洁工具、工作台、场地、设备等	清洁	2			
		用过的清洁布、车内三件套等放入垃圾桶	2			
作业规范	按规定流程和方法进行作业	流程清楚，方法正确	2			
安全和5S	整个工作过程中的安全与5S	场地整洁，物品摆放有序	2			
		无安全问题	2			
维修工单		按要求填写，记录准确	10			
合计			100			

起动机拆装检测与连线测试操作工单

项目	起动机拆装检测与连线测试		日期	
姓名		班级	得分	
起动机型号				
一、前期准备	（不需要填写）			
二、安全检查				

续上表

项目	起动机拆装检测与连线测试	日期	
三、起动机拆装检测与连线测试	在完成下列项目后进行打钩标记。 □分解起动机 □转子绕组断路、绝缘检测 □定子绕组断路、绝缘检测 □保持线圈检测 □吸拉线圈检测 □碳刷长度检测 □碳刷绝缘情况检测 □单向离合器的检查 □减速齿轮的检查 □起动机小齿轮检查 □起动机拨叉检查 □正确组装起动机 □继电器电阻检测 □继电器动作检测 □点火开关检测 □正确判断 ST 端子 □线路连接 □功能验证起动运转正常 □正确绘制电路图		
四、部件检查	被检零件状况。 单向离合器的检查：　　　　□正常 □ 不正常 减速齿轮的检查：　　　　　□正常 □ 不正常 起动机小齿轮检查：　　　　□正常 □ 不正常 转子绕组断路、绝缘检查：　□正常 □ 不正常 定子绕组断路、绝缘检查：　□正常 □ 不正常 继电器动作检测：　　　　　□正常 □ 不正常 点火开关检测：　　　　　　□正常 □ 不正常		
五、部件测量	1. 保持线电阻圈检测 测量值：　　　　　　　　　□正常 □ 不正常 2. 吸拉线圈电阻检测 测量值：　　　　　　　　　□正常 □ 不正常 3. 碳刷长度检测 测量值：　　　　　　　　　□正常 □ 不正常 4. 继电器电阻检测 测量值：　　　　　　　　　□正常 □ 不正常		
六、现场恢复	（不需要填写）		

绘制起动电路图（图中需要包含点火开关、保险丝、继电器、起动机等）

J04-03　蓄电池性能检测与寄生电流测试

1. 任务描述

在规定时间内，要求学生能就车对蓄电池的性能进行检测，主要检查蓄电池的电压及性能。完成车辆寄生电流的测量，并能根据检测结果做出正确的维修结论。

作业中要求较熟练地查阅维修资料、正确使用工量具和仪器设备、准确测量技术参数，正确记录作业过程和测试数据，做到安全文明作业。

2. 实施条件

（1）工位要求

①每个工位要求场地在 $15\sim20$ m^2；

②每个工位配有 1 $m×0.6$ m 的工作台；

③每个工位准备三个回收不同类型废料的垃圾桶；

④配有电鼓、气鼓、LED 照明灯。

（2）工具仪器设备清单（每个工位的配置）

序号	名称	说明	数量
1	整车		1 辆
2	工具车	配备常用工具	1 台
3	零件车		1 台
4	数字万用表		1 台
5	蓄电池检测仪		1 台
6	寄生电流测试开关		1 个
7	维修手册	与被检车型一致	1 套

（3）辅助材料清单（每个工位的配置）

序号	名称	说明	数量
1	清洁抹布		若干
2	车内三件套		1 套
3	车外三件套		1 套

3.考核时量

考核时限：60 分钟。

4.评分细则

蓄电池性能检测与寄生电流测试评分标准

考核内容		考核点及评分要求	分值	扣分	得分	备注
作业准备		穿工作服与安全鞋，女性要求戴帽	2			
		车辆信息填写	1			
		工具、备件检查	2			
维修手册使用	关键数据使用维修手册确认	查询操作流程	2			
		查询技术参数	2			
蓄电池性能检测与寄生电流测试	操作步骤	安装车内三件套	2			
		降下主驾驶侧车窗玻璃	2			
		打开发动机机舱盖	2			
		安装车外三件套	2			
		先连接蓄电池检测仪正极线	3			
		后连接蓄电池检测仪负极线	3			
		正确选择测试内容	3			
		正确输入低温起动电流值	3			
		描述蓄电池性能测试结果	3			
		将蓄电池负极电缆断开	3			
		将寄生电流测试开关的公接头端安装到蓄电池搭铁端子	3			
		将寄生电流测试开关置于关闭位置	3			
		将蓄电池负极电缆安装至寄生电流测试开关母接头端	3			
		将寄生电流测试开关置于打开位置	3			
		正确连接万用表	3			
		将数字式万用表置于10A挡	3			
		将寄生电流测试开关置于关闭位置	3			
		等待1分钟，检查并记录电流读数	3			
		电流读数为2A或更低时，将寄生电流测试开关置于ON(接通)位置	3			

续上表

考核内容		考核点及评分要求	分值	扣分	得分	备注
蓄电池性能检测与寄生电流测试	操作步骤	当寄生电流测试开关置于 OFF 位置时，将数字式万用表调低至 2A 挡以得到更精确的读数	3			
		将寄生电流测试开关置于关闭位置	3			
		检查并记录电流读数	3			
		拆卸寄生电流测试开关	3			
		安装蓄电池负极端子	3			
		描述寄生电流测试结果	3			
	否决项	操作过程中造成人员或者工具设备损伤				本次考核记零分
		不按要求进行危险操作，裁判可终止考核				
作业后整理	清洁工具、工作台、场地、设备等	清洁	2			
		用过的清洁布、车内三件套等放入垃圾桶	2			
作业规范	按规定流程和方法进行作业	流程清楚，方法正确	2			
安全和 5S	整个工作过程中的安全与 5S	场地整洁，物品摆放有序	2			
		无安全问题	2			
维修工单		按要求填写，记录准确	10			
合计			100			

蓄电池性能检测与寄生电流测试操作工单

项目		蓄电池性能检测与寄生电流测试		日期	
姓名		班级		得分	
车辆信息	整车型号				
	车辆识别代码				
	发动机型号				
一、前期准备		（不需要填写）			
二、安全检查					

续上表

项目	蓄电池性能检测与寄生电流测试	日期	
三、蓄电池性能检测与寄生电流测试	1. 在完成下列项目后进行打钩标记。 □安装车内三件套 □降下主驾驶侧车窗玻璃 □安装车外三件套 □先连接蓄电池检测仪正极线 □后连接蓄电池检测仪负极线 □正确选择测试内容 □正确输入低温起动电流值 □描述测试结果 □将蓄电池负极电缆从蓄电池负极端子断开 □将寄生电流测试开关的公接头端安装到蓄电池搭铁端子 □将寄生电流测试开关置于关闭位置 □将蓄电池负极电缆安装至寄生电流测试开关母接头端 □将寄生电流测试开关置于打开位置 □正确连接万用表 □将数字式万用表置于 10A 挡 □将寄生电流测试开关置于关闭位置 □等待 1 分钟, 检查并记录电流读数 □电流读数为 2A 或更低时, 将寄生电流测试开关置于 ON（接通）位置, 当寄生电流测试开关置于 OFF 位置时, 将数字式万用表调低至 2A 挡以得到更精确的读数 □将寄生电流测试开关置于关闭位置 □检查并记录电流读数 □拆卸寄生电流测试开关 □安装蓄电池负极端子		
四、测量数据	1. 万用表测量蓄电池电压： 测量值： □正常 □ 不正常 2. 蓄电池检测仪检测： 电压： 测量值： □正常 □ 不正常 CCA： 测量值： □正常 □ 不正常 内阻： 测量值： □正常 □ 不正常 寿命： 测量值： □正常 □ 不正常 结果： 测量值： □正常 □ 不正常 3. 寄生电流测量 测量值： □正常 □ 不正常		
五、资料查询	1. 蓄电池冷启动电流值： 标准值： 2. 寄生电流测量： 标准值： 3. 蓄电池电压： 标准值：		
六、现场恢复	（不需要填写）		

J05-01　自动变速器故障指示灯常亮的故障诊断与排除

1. 任务描述

汽车的自动变速器故障灯常亮，你有 60 分钟的时间对该故障进行诊断及排除。包括前期准备、安全检查、症状确认、目视检查、仪器连接、故障码和数据流读取、元器件测量、电路测量、故障点确认和排除。

发现故障后应向裁判展示，在电路图上指出相应电气线路(包括端子和正确的导线)或零部件，并将故障的简要描述填写在工单上。

作业中要求较熟练地查阅维修资料、正确使用工量具和仪器设备、准确测量技术参数和判断故障点、正确记录作业过程和测试数据，做到安全文明生产。

2. 实施条件

(1) 工位要求

①每个工位要求场地在 15~20 m^2，设置 6 个工位；

②每个工位配有 1 m×0.6 m 的工作台；

③配有尾气排放装置；

④每个工位准备三个回收不同类型废料的垃圾桶；

⑤配有灭火装置；

⑥配有电鼓、气鼓、LED 照明灯。

(2) 工具仪器设备清单(每个工位的配置)

序号	仪器设备/工具名称	说明
1	实训车辆	
2	数字万用表	
3	试灯	
4	维修手册	
5	工具车	放置工具、量具
6	梅花扳手	8~10 mm、12~14 mm
7	开口扳手	8~10 mm、12~14 mm
8	T 型杆	8~10 mm、12~14 mm

续上表

序号	仪器设备/工具名称	说明
9	尖嘴钳	
10	鲤鱼钳	
11	一字起	
12	十字起	
13	接线盒	
14	套装工具(150件组套)	世达
15	诊断仪	元征431

（3）辅助材料清单(每个工位的配置)

序号	辅助材料名称	说明
1	冷却液	
2	发动机油	
3	车内外防护套装	
4	三角木	
5	抹布	若干
6	保险片	10A
7	导线	
8	热缩管	
9	笔	
10	秒表	
11	书写垫板	

3.考核时量

考核时限：60分钟。

4.评分细则

自动变速器故障指示灯常亮的故障诊断与排除评分标准

考核项目	评分标准(每项累计扣分不超过配分)	配分	得分
前期准备	□检查并熟悉工作场地,包括工具、设备、仪器,否则扣 0.5 分/项 □手持钥匙,按开锁键,遥控打开门锁,进入驾驶室,否则扣 0.5 分/项 □依次套上转向盘套、座椅套,并垫上脚垫,否则扣 1 分/项 □降下驾驶员侧车窗玻璃。将钥匙放在前挡玻璃下面或处于关闭状态,否则扣 1 分/项 □打开发动机罩,按规定摆放好左右翼子板布和前格栅布,否则扣 1 分 □熟悉故障诊断作业表的填写,正确记录整车型号、车辆识别代号、发动机型号,否则扣 1 分/项	5	
安全检查	□正确安装车轮挡块和底盘垫块,保证车辆启动和举升时安全可靠,否则扣 2 分/项 □连接尾气排气排放管,否则扣 1 分 □确认驻车制动器拉到极限位置,自动变速器操纵杆置于 P 挡位置,否则扣 1 分/项 □机油液位检查:拔出机油标尺,用干净的抹布擦干净后再插到底,几秒钟后,拔出机油标尺检查发动机机油液位,正常液位应在 3/4 至最高位之间,否则扣 2 分/项 □检查冷却液液位,否则扣 1 分 □检查制动液液位,否则扣 1 分 □拆卸蓄电池盖板,检查蓄电池电压,否则扣 1 分 □万用表校零:将数字式万用表置于欧姆挡,两表笔搭接电阻必须小于 1Ω,否则扣 1 分 否决项:出现人身安全或设备损坏将由裁判直接终止考试,总成绩按零分计算。	5	
仪器连接	□诊断仪接头选择正确、否则扣 1 分 □准备诊断仪,找到并打开汽车诊断插座。注意:确认点火开关处于关闭状态,否则扣 0.5 分 □连接诊断仪插头到汽车诊断座,打开诊断仪电源开关,打开点火开关至 ON 挡,确认仪表板灯亮,否则扣 0.5 分/项	2	
故障现象确认	□故障现象记录正确、完整,否则扣 1 分/项 □启动状态:注意初次启动发动机,未请示裁判而直接启动发动机,连续起动时间超过 5 秒钟,或者连续起动超过 3 次的,扣 1 分/项	2	
代码检查	□故障诊断仪操作流程正确,否则扣 1 分/项 □点击"当前故障码",进入读码状态,记录当前故障码,否则扣 1 分	2	
确定故障范围	□确定并填写可能的故障范围:如相关部件,控制模块,相关线路等。错误一处扣 1 分	5	

续上表

考核项目		评分标准(每项累计扣分不超过配分)	配分	得分
部件测试		能正确进行元器件检查,方法正确,步骤完整,注意: (1)按提供的测试用电路连接线进行元器件测量,否则扣1分/次 (2)断开传感器、执行器插座前要先关闭点火开关,否则扣1分/次 (3)断开电脑连接线之前,拆下蓄电池的负极搭铁,断开整车电源,否则扣1分/次 (4)对不可能导致故障的元器件进行检查,扣1分/次 (5)工具选用与使用不当,扣1分/次 (6)对更换的元器件要进行一次测量,确认新元器件正常,否则扣1分/次	15	
电路测量		能正确进行相关电路的测试,注意: (1)按提供的测试用电路连接线进行测量,否则扣3分/次 (2)断开传感器与执行器插座前要先关闭点火开关,否则扣2分/次 (3)断开电脑连接线之前,拆下蓄电池的负极搭铁,断开整车电源,否则扣2分/次 (4)对修复的线路要进行一次测量,确认修复成功,否则扣2分 (5)更换新保险丝前要确认电路是否短路,否则扣3分	20	
故障排除与修复结果确认		故障点确认正确,否则扣3分;维修意见正确,否则扣3分	14	
现场恢复		按5S标准整理现场,收回仪器、设备、工具等,恢复工作前场景。 □设备工具复位,否则扣1分/次 □保险丝盖复位,否则扣1分/次 □左右翼子板布和前格栅布复位、车内防护用具复位,否则扣1分/次 □发动机舱盖复位,否则扣1分/次 □驾驶员侧车窗玻璃复位,否则扣1分/次 □钥匙复位,否则扣1分/次 □尾气排气管复位,否则扣1分/次 □车轮挡块、底盘垫块复位,否则扣1分/次 □工具车、工具柜复位,否则扣1分 □废弃物处理,否则扣1分/次 □扫地、拖地,否则扣1分	5	
安全工作规范操作	职业形象	学生必须穿着工作服、防砸安全鞋,女生要佩戴帽子。扣分项:着装不合规范,扣0.5分/项,扣完为止	1	
	举止礼仪	言语不文明,顶撞考官。每次扣0.5分	1	
	三不落地	零部件、工量具、设备、油料、抹布等落地。一次扣0.5分	1	
	人物安全	操作过程中可能造成人身或设备损坏被裁判终止,一次扣0.5分 造成学生受伤,一次扣0.5分 以上累计最多扣2.5分	2	

续上表

考核项目	评分标准(每项累计扣分不超过配分)	配分	得分
工单填写	工单填写规范、正确	15	
维修手册的使用	正确查询电路图 正确查询诊断流程(如维修手册上未体现诊断流程,该项自动配分) 正确查询连接器端视图	5	
总分		100	

自动变速器故障指示灯常亮的故障诊断与排除操作工单

项目名称	自动变速器故障指示灯常亮的故障诊断与排除		考试日期	月　　日
姓名		班级	得分	

车辆信息	整车型号	
	车辆识别代码	
	发动机型号	

一、前期准备	(不需要填写)
二、安全检查	
三、仪器连接	

四、故障现象确认	确认故障症状并记录症状现象(根据不同故障范围,进行功能检测,并填写检测结果)。 车辆启动情况　　　□ 正常 □ 不正常 电瓶电压在 11V 以上　□ 正常 □ 不正常 换挡操作情况　　　□ 正常 □ 不正常 仪表显示情况　　　□ 正常 □ 不正常

五、故障代码检查	□无 DTC □有 DTC: _____

六、正确读取数据和清除故障码 (当定格数据和动态数据中不存在反映故障码特征的相关数据时,应填写"无"。)	1. 定格数据记录(只记录故障发生时的数据帧内容)包括: 1)基本数据:

项目	数值	单位	判断
无			

2)定格数据中除基本数据外的反映故障码特征的相关数据:

项目	数值	单位	判断
无			
无			

续上表

六、正确读取数据和清除故障码（当定格数据和动态数据中不存在反映故障码特征的相关数据时，应填写"无"。）	2. 与故障码特征相关的动态数据记录：			
	条件	项目	数值	判断
	3. 清除故障码； 4. 确认故障码是否再次出现，并填写结果。 □无 DTC □ 有 DTC：_____			

七、确定故障范围	根据上述检查进行判断并填写可能故障范围。	
	□可能	□不可能
	□可能	□不可能
	□可能	□不可能
	□可能	□不可能
	□可能	□不可能
	□可能	□不可能

八、基本检查	1. 线路/连接器外观及连接情况： □正常 □ 不正常 2. 零件安装等： □正常 □ 不正常	

九、部件测试	对被怀疑的部件进行部件测试。	
	部件	检查或测试后的判断结果
		□正常 □不正常
		□正常 □不正常
		□正常 □不正常
		□正常 □不正常
		□正常 □不正常
		□正常 □不正常

十、电路测量	对被怀疑的线路进行测量： 1) 注明插件代码和编号、控制单元针脚代号以及测量结果：	
	线路范围	检查或测试后的判断结果
		□正常 □不正常
		□正常 □不正常
		□正常 □不正常
		□正常 □不正常
		□正常 □不正常
		□正常 □不正常
		□正常 □不正常

续上表

十一、故障部位确认和排除	根据上述所有检测结果，确定故障内容并注明： 1. 确定的故障是：

□元件损坏	请写明元件名称：
□线路故障	请写明线路区间：
□其他	

2. 故障点的排除处理说明：

□更换	□维修	□调整

十二、维修结果确认	1. 维修后故障代码读取，并填写读取结果。 □无 DTC □有 DTC：＿＿＿＿＿＿＿＿＿＿＿＿＿＿＿＿＿＿＿
	2. 与原故障码相关的动态数据检查结果。 □正常 □ 不正常
	3. 维修后的功能确认并填写结果。 □正常　　□ 不正常
十三、现场恢复	(不需要填写)

附件 1：绘制相关电路图

J05-02 ABS 故障灯常亮的故障诊断与排除

1. 任务描述

汽车的 ABS 故障灯常亮，你有 60 分钟的时间对该故障进行诊断及排除。包括前期准备、安全检查、症状确认、目视检查、仪器连接、故障码和数据流读取、传感器波形检测、元器件测量、电路测量、故障点确认和排除。

发现故障后应向裁判展示，在电路图上指出相应电气线路(包括端子和正确的导线)或零部件，并将故障的简要描述填写在工单上。

作业中要求较熟练地查阅维修资料、正确使用工量具和仪器设备、准确测量技术参数和判断故障点、正确记录作业过程和测试数据，做到安全文明生产。

2. 实施条件

(1) 工位要求

①每个工位要求场地在 15~20 m²，设置 6 个工位；

②每个工位配有 1 m×0.6 m 的工作台；

③配有尾气排放装置；

④每个工位准备三个回收不同类型废料的垃圾桶；

⑤配有灭火装置、电鼓、气鼓、LED 照明灯。

(2) 工具仪器设备清单(每个工位的配置)

序号	仪器设备/工具名称	说明
1	实训车辆	
2	数字万用表	
3	试灯	
4	维修手册	
5	工具车	放置工具、量具
6	梅花扳手	8~10 mm、12~14 mm
7	开口扳手	8~10 mm、12~14 mm
8	T 型杆	8~10 mm、12~14 mm
9	尖嘴钳	
10	鲤鱼钳	

续上表

序号	仪器设备/工具名称	说明
11	一字起	
12	十字起	
13	接线盒	
14	套装工具(150件组套)	世达
15	示波器	优利德
16	诊断仪	元征431

（3）辅助材料清单(每个工位的配置)

序号	辅助材料名称	说明
1	冷却液	
2	发动机油	
3	车内外防护套装	
4	三角木	
5	抹布	若干
6	保险片	10A
7	导线	
8	热缩管	
9	轮速传感器	
10	笔	
11	秒表	
12	书写垫板	

3.考核时量

考核时限：60分钟。

4.评分细则

ABS 故障灯常亮的故障诊断与排除评分标准

考核项目	评分标准(每项累计扣分不超过配分)	配分	得分
前期准备	□检查并熟悉工作场地，包括工具、设备、仪器，否则扣 0.5 分/项 □手持钥匙，按开锁键，遥控打开门锁，进入驾驶室，否则扣 0.5 分/项 □依次套上转向盘套、座椅套，并垫上脚垫，否则扣 1 分/项 □降下驾驶员侧车窗玻璃。将钥匙放在前挡玻璃下面或处于关闭状态，否则扣 1 分/项 □打开发动机罩，按规定摆放好左右翼子板布和前格栅布，否则扣 1 分/项 □熟悉故障诊断作业表的填写，正确记录整车型号、车辆识别代号、发动机型号，否则扣 1 分/项	5	
安全检查	□正确安装车轮挡块和底盘垫块，保证车辆启动和举升时安全可靠，否则扣 2 分/项 □连接尾气排气排放管，否则扣 1 分 □确认驻车制动器拉到极限位置，自动变速器操纵杆置于 P 挡位置，否则扣 1 分/项 □机油液位检查：拔出机油标尺，用干净的抹布擦干净后再插到底，几秒钟后，拔出机油标尺检查发动机机油液位，正常液位应在 3/4 至最高位之间，否则扣 2 分/项 □检查冷却液液位，否则扣 1 分 □检查制动液液位，否则扣 1 分 □拆卸蓄电池盖板，检查蓄电池电压，否则扣 1 分 □万用表校零：将数字式万用表置于欧姆挡，两表笔搭接电阻必须小于 1Ω，否则扣 1 分 否决项：出现人身安全或设备损坏将由裁判直接终止考试，总成绩按零分计算。	5	
仪器连接	□诊断仪接头选择正确，否则扣 1 分 □准备诊断仪，找到并打开汽车诊断插座。注意：确认点火开关处于关闭状态，否则扣 0.5 分 □连接诊断仪插头到汽车诊断座，打开诊断仪电源开关，打开点火开关至 ON 挡，确认仪表板灯亮，否则扣 0.5 分/项	2	
故障现象确认	□故障现象记录正确，完整，否则扣 1 分/项 □启动状态：注意初次启动发动机，未请示裁判而直接启动发动机，连续起动时间超过 5 秒钟，或者连续起动超过 3 次的，扣 1 分/项	2	
代码检查	□故障诊断仪操作流程正确，否则扣 1 分/项 □点击"当前故障码"，进入读码状态，记录当前故障码，否则扣 1 分	2	
确定故障范围	□确定并填写可能的故障范围：如相关部件，控制模块，相关线路等。错误一处扣 1 分	5	

续上表

考核项目	评分标准(每项累计扣分不超过配分)	配分	得分
部件测试	能正确进行元器件检查,方法正确,步骤完整,注意: (1)按提供的测试用电路连接线进行元器件测量,否则扣 1 分/次 (2)断开传感器、执行器插座前要先关闭点火开关,否则扣 1 分/次 (3)断开电脑连接线之前,拆下蓄电池的负极搭铁,断开整车电源,否则扣 1 分/次 (4)对不可能导致故障的元器件进行检查,扣 1 分/次 (5)工具选用与使用不当,扣 1 分/次 (6)对更换的元器件要进行一次测量,确认新元器件正常,否则扣 1 分/次	10	
波形检测	能正确进行相关电路的示波测试: (1)示波器表笔连接正确,否则扣 2 分 (2)根据故障内容检测相关电路波形,填写被测元件端口编号,并画出正确波形,否则扣 3 分 (3)根据故障内容绘制相关电路的正常波形,并填写被测元件端口编号,否则扣 3 分	5	
电路测量	能正确进行相关电路的测试,注意: (1)按提供的测试用电路连接线进行测量,否则扣 3 分/次 (2)断开传感器与执行器插座前要先关闭点火开关,否则扣 2 分/次 (3)断开电脑连接线之前,拆下蓄电池的负极搭铁,断开整车电源,否则扣 2 分/次 (4)对修复的线路要进行一次测量,确认修复成功,否则扣 2 分 (5)更换新保险丝前要确认电路是否短路,否则扣 3 分	20	
故障排除与修复结果确认	故障点确认正确,否则扣 3 分;维修意见正确,否则扣 3 分	14	
现场恢复	按 5S 标准整理现场,收回仪器、设备、工具等,恢复工作前场景。 □设备工具复位,否则扣 1 分/次 □保险丝盖复位,否则扣 1 分/次 □左右翼子板布和前格栅布复位、车内防护用具复位,否则扣 1 分/次 □发动机舱盖复位,否则扣 1 分/次 □驾驶员侧车窗玻璃复位,否则扣 1 分/次 □钥匙复位,否则扣 1 分/次 □尾气排气管复位,否则扣 1 分/次 □车轮挡块、底盘垫块复位,否则扣 1 分/次 □工具车、工具柜复位,否则扣 1 分 □废弃物处理,否则扣 1 分/次 □扫地、拖地,否则扣 1 分	5	

续上表

考核项目		评分标准(每项累计扣分不超过配分)	配分	得分
安全工作规范操作	职业形象	学生必须穿着工作服、防砸安全鞋,女生要佩戴帽子。扣分项:着装不合规范,扣0.5分/项,扣完为止	1	
	举止礼仪	言语不文明,顶撞考官。每次扣0.5分	1	
	三不落地	零部件、工量具、设备、油料、抹布等落地。一次扣0.5分	1	
	人物安全	操作过程中可能造成人身或设备损坏被裁判终止,一次扣0.5分 造成学生受伤,一次扣0.5分 以上累计最多扣2分	2	
工单填写		工单填写规范、正确	15	
维修手册的使用		□正确查询电路图,否则扣2分 □正确查询诊断流程,否则扣2分(如维修手册上未体现诊断流程,该项自动配分) □正确查询连接器端视图,否则扣1分	5	
总分			100	

ABS故障灯常亮的故障诊断与排除操作工单

项目名称		ABS故障灯常亮的故障诊断与排除	考试日期		月 日
姓名			班级	得分	
车辆信息	整车型号				
	车辆识别代码				
	发动机型号				

一、前期准备	
二、安全检查	(不需要填写)
三、仪器连接	
四、故障现象确认	确认故障症状并记录症状现象(根据不同故障范围,进行功能检测并填写检测结果)。 ①ABS故障指示灯情况　　□ 正常　□ 不正常 ②蓄电池电压在11V以上　　□ 正常　□ 不正常
五、故障代码检查	□无DTC □有DTC:_____

六、正确读取数据和清除故障码
(当定格数据和动态数据中不存在反映故障码特征的相关数据时,应填写"无"。)

1.定格数据记录(只记录故障发生时的数据帧内容)包括:

1)基本数据:

项目	数值	单位	判断
无			

2)定格数据中除基本数据外的反映故障码特征的相关数据:

项目	数值	单位	判断
无			
无			

续上表

六、正确读取数据和清除故障码（当定格数据和动态数据中不存在反映故障码特征的相关数据时，应填写"无"。）	2. 与故障码特征相关的动态数据记录：

2. 与故障码特征相关的动态数据记录：

条件	项目	数值	判断
转动左前车轮	左前车轮传感器		

3. 清除故障码；

4. 确认故障码是否再次出现，并填写结果。

□无 DTC □有 DTC：_____

七、确定故障范围

根据上述检查进行判断并填写可能故障范围。

电源及搭铁	□可能	□不可能
相关线路	□可能	□不可能
电子制动控制模块	□可能	□不可能
轮速传感器	□可能	□不可能
	□可能	□不可能
	□可能	□不可能

八、绘制电路图 见附件1：绘制相关电路图

九、基本检查

1. 线路/连接器外观及连接情况：　　□正常　　□不正常

2. 零件安装等：　　□正常　　□不正常

十、部件测试

对被怀疑的部件进行测试：

部件	检查或测试后的判断结果	
	□正常	□不正常
	□正常	□不正常
	□正常	□不正常
	□正常	□不正常
	□正常	□不正常
	□正常	□不正常
	□正常	□不正常

续上表

十一、绘制波形图	见附件2：绘制相关波形图

十二、电路测量

对被怀疑的线路进行测量：

1. 注明插件代码和编号、控制单元针脚代号以及测量结果：

线路范围	检查或测试后的判断结果	
	□正常	□不正常
	□正常	□不正常
	□正常	□不正常
	□正常	□不正常
	□正常	□不正常
	□正常	□不正常
	□正常	□不正常
	□正常	□不正常
	□正常	□不正常

十三、故障部位确认和排除

根据上述所有检测结果，确定故障内容并注明：

1. 确定的故障是：

□元件损坏	请写明元件名称：
□线路故障	请写明线路区间：
□其他	

2. 故障点的排除处理说明：

□更换	□维修	□调整

十四、维修结果确认

1. 维修后故障代码读取，并填写读取结果。

□无 DTC　□有 DTC：＿＿＿＿＿＿＿＿＿＿

2. 与原故障码相关的动态数据检查结果。

□正常　　□ 不正常

3. 维修后的功能确认并填写结果。

□正常　　□ 不正常

十五、现场恢复	（不需要填写）

续上表

附件 1：绘制相关电路图

附件 2：绘制相关波形图

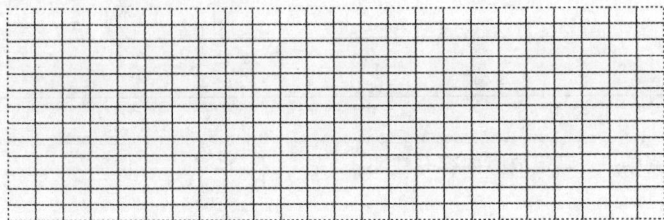

J05-03 电动转向系统故障灯常亮
的故障诊断与排除

1.任务描述

汽车的电动转向系统故障灯常亮,你有 60 分钟的时间对该故障进行诊断及排除。包括前期准备、安全检查、症状确认、目视检查、仪器连接、故障码和数据流读取、元器件测量、电路测量、故障点确认和排除。

发现故障后应向裁判展示,在电路图上指出相应电气线路(包括端子和正确的导线)或零部件,并将故障的简要描述填写在工单上。

作业中要求较熟练地查阅维修资料、正确使用工量具和仪器设备、准确测量技术参数和判断故障点、正确记录作业过程和测试数据,做到安全文明生产。

2.实施条件

(1)工位要求

①每个工位要求场地在 15~20 m²,设置 6 个工位;

②每个工位配有 1 m×0.6 m 的工作台;

③配有尾气排放装置;

④每个工位准备三个回收不同类型废料的垃圾桶;

⑤配有灭火装置、电鼓、气鼓、LED 照明灯。

(2)工具仪器设备清单(每个工位的配置)

序号	仪器设备/工具名称	说明
1	实训车辆	
2	数字万用表	
3	试灯	
4	维修手册	
5	工具车	放置工具、量具
6	梅花扳手	8~10 mm、12~14 mm
7	开口扳手	8~10 mm、12~14 mm
8	T 型杆	8~10 mm、12~14 mm
9	尖嘴钳	

续上表

序号	仪器设备/工具名称	说明
10	鲤鱼钳	
11	一字起	
12	十字起	
13	接线盒	
14	套装工具(150件组套)	世达
15	诊断仪	元征431

（3）辅助材料清单（每个工位的配置）

序号	辅助材料名称	说明
1	冷却液	
2	发动机油	
3	车内外防护套装	
4	三角木	
5	抹布	若干
6	保险片	10A
7	导线	
8	热缩管	
9	笔	
10	秒表	
11	书写垫板	

3.考核时量

考核时限：60分钟。

4.评分细则

电动转向系统故障灯常亮的故障诊断与排除评分标准

考核项目	评分标准（每项累计扣分不超过配分）	配分	得分
前期准备	□检查并熟悉工作场地，包括工具、设备、仪器，否则扣 0.5 分/项 □手持钥匙，按开锁键，遥控打开门锁，进入驾驶室，否则扣 0.5 分/项 □依次套上转向盘套、座椅套，并垫上脚垫，否则扣 1 分/项 □降下驾驶员侧车窗玻璃。将钥匙放在前挡玻璃下面或处于关闭状态，否则扣 1 分/项 □打开发动机罩，按规定摆放好左右翼子板布和前格栅布，否则扣 1 分 □熟悉故障诊断作业表的填写，正确记录整车型号、车辆识别代号、发动机型号，否则扣 1 分/项	5	
安全检查	□正确安装车轮挡块和底盘垫块，保证车辆启动和举升时安全可靠，否则扣 2 分/项 □连接尾气排气排放管，否则扣 1 分 □确认驻车制动器拉到极限位置，自动变速器操纵杆置于 P 挡位置，否则扣 1 分/项 □机油液位检查：拔出机油标尺，用干净的抹布擦干净后再插到底，几秒钟后，拔出机油标尺检查发动机机油液位，正常液位应在 3/4 至最高位之间，否则扣 2 分/项 □检查冷却液液位，否则扣 1 分 □检查制动液液位，否则扣 1 分 □拆卸蓄电池盖板，检查蓄电池电压，否则扣 1 分 □万用表校零：将数字式万用表置于欧姆挡，两表笔搭接电阻必须小于 1Ω，否则扣 1 分 否决项：出现人身安全或设备损坏将由裁判直接终止考试，总成绩按零分计算。	5	
仪器连接	□诊断仪接头选择正确，否则扣 1 分 □准备诊断仪，找到并打开汽车诊断插座。注意：确认点火开关处于关闭状态，否则扣 0.5 分 □连接诊断仪插头到汽车诊断座，打开诊断仪电源开关，打开点火开关至 ON 挡，确认仪表板灯亮，否则扣 0.5 分/项	2	
故障现象确认	□故障现象记录正确、完整，否则扣 1 分/项 □启动状态：注意初次启动发动机，未请示裁判而直接启动发动机，连续起动时间超过 5 秒钟，或者连续起动超过 3 次的，扣 1 分/项	2	
代码检查	□故障诊断仪操作流程正确，否则扣 1 分/项 □点击"当前故障码"，进入读码状态，记录当前故障码，否则扣 1 分	2	
确定故障范围	□确定并填写可能的故障范围：如相关部件，控制模块，相关线路等。错误一处扣 1 分	5	

续上表

考核项目	评分标准(每项累计扣分不超过配分)	配分	得分
部件测试	能正确进行元器件检查,方法正确,步骤完整,注意: (1)按提供的测试用电路连接线进行元器件测量,否则扣1分/次 (2)断开传感器、执行器插座前要先关闭点火开关,否则扣1分/次 (3)断开电脑连接线之前,拆下蓄电池的负极搭铁,断开整车电源,否则扣1分/次 (4)对不可能导致故障的元器件进行检查,扣1分/次 (5)工具选用与使用不当,扣1分/次 (6)对更换的元器件要进行一次测量,确认新元器件正常,否则扣1分/次	10	
波形检测	能正确进行相关电路的示波测试: (1)示波器表笔连接正确,否则扣2分 (2)根据故障内容检测相关电路波形,填写被测元件端口编号,并画出正确波形,否则扣3分 (3)根据故障内容绘制相关电路的正常波形,并填写被测元件端口编号,否则扣3分	5	
电路测量	能正确进行相关电路的测试,注意: (1)按提供的测试用电路连接线进行测量,否则扣3分/次 (2)断开传感器与执行器插座前要先关闭点火开关,否则扣2分/次 (3)断开电脑连接线之前,拆下蓄电池的负极搭铁,断开整车电源,否则扣2分/次 (4)对修复的线路要进行一次测量,确认修复成功,否则扣2分 (5)更换新保险丝前要确认电路是否短路,扣3分	20	
故障排除与修复结果确认	故障点确认正确,否则扣3分;维修意见正确,否则扣3分	14	
现场恢复	按5S标准整理现场,收回仪器、设备、工具等,恢复工作前场景。 □设备工具复位,否则扣1分/次 □保险丝盖复位,否则扣1分/次 □左右翼子板布和前格栅布复位、车内防护用具复位,否则扣1分/次 □发动机舱盖复位,否则扣1分/次 □驾驶员侧车窗玻璃复位,否则扣1分/次 □钥匙复位,否则扣1分/次 □尾气排气管复位,否则扣1分/次 □车轮挡块、底盘垫块复位,否则扣1分/次 □工具车、工具柜复位,否则扣1分 □废弃物处理,否则扣1分/次 □扫地、拖地,否则扣1分	5	

续上表

考核项目		评分标准(每项累计扣分不超过配分)	配分	得分
安全工作规范操作	职业形象	学生必须穿着工作服、防砸安全鞋,女生要佩戴帽子。扣分项:着装不合规范,扣0.5分/项,扣完为止	1	
	举止礼仪	言语不文明,顶撞考官。每次扣0.5分	1	
	三不落地	零部件、工量具、设备、油料、抹布等落地。一次扣0.5分	1	
	人物安全	操作过程中可能造成人身或设备损坏被裁判终止,一次扣0.5分 造成学生受伤,一次扣0.5分 以上累计最多扣2分	2	
工单填写		工单填写规范、正确	15	
维修手册的使用		□正确查询电路图,否则扣2分 □正确查询诊断流程,否则扣2分(如维修手册上未体现诊断流程,该项自动配分) □正确查询连接器端视图,否则扣1分	5	
总分			100	

电动动力转向系统故障灯常亮故障诊断与排除操作工单

项目名称		电动转向系统故障灯常亮故障诊断与排除		考试日期		月　　日
姓名			班级		得分	
车辆信息	整车型号					
	车辆识别代码					
	发动机型号					
一、前期准备						
二、安全检查		(不需要填写)				
三、仪器连接						
四、故障现象确认		确认故障症状并记录症状现象(根据不同故障范围,进行功能检测,并填写检测结果)。 ①转向助力情况　　　　□ 正常 □ 不正常 ②电瓶电压在11V以上　□ 正常 □ 不正常				
五、故障代码检查		□无 DTC □ 有 DTC:_____				

续上表

| 六、正确读取数据和清除故障码(当定格数据和动态数据中不存在反映故障码特征的相关数据时,应填写"无"。) | 1.定格数据记录(只记录故障发生时的数据帧内容)包括: |

1)基本数据:

项目	数值	单位	判断
无			

2)定格数据中除基本数据外的反映故障码特征的相关数据:

项目	数值	单位	判断
无			
无			

2. 与故障码特征相关的动态数据记录:

条件	项目	数值	判断

3. 清除故障码;

4. 确认故障码是否再次出现,并填写结果。

□无 DTC □有 DTC:＿＿＿＿＿＿＿＿＿＿

| 七、确定故障范围 | 根据上述检查进行判断并填写可能的故障范围。 |

	判断	
	□可能	□不可能
	□可能	□不可能
	□可能	□不可能
	□可能	□不可能
	□可能	□不可能
	□可能	□不可能
	□可能	□不可能

| 八、基本检查 | 1.线路/连接器外观及连接情况: □正常 □不正常 |
| | 2.零件安装等: □正常 □不正常 |

| 九、部件测试 | 对被怀疑的部件进行部件测试。 |

部件	检查或测试后的判断结果	
	□正常	□不正常
	□正常	□不正常
	□正常	□不正常
	□正常	□不正常
	□正常	□不正常
	□正常	□不正常
	□正常	□不正常

续上表

十、电路测量	对被怀疑的线路进行测量： 1）注明插件代码和编号、控制单元针脚代号以及测量结果：

线路范围	检查或测试后的判断结果	
	□正常	□不正常
	□正常	□不正常
	□正常	□不正常
	□正常	□不正常
	□正常	□不正常
	□正常	□不正常
	□正常	□不正常

十一、故障部位确认和排除	根据上述所有检测结果，确定故障内容并注明： 1.确定的故障是：

□元件损坏	请写明元件名称：
□线路故障	请写明线路区间：
□其他	

2.故障点的排除处理说明：

□更换	□维修	□调整

十二、维修结果确认	1.维修后故障代码读取，并填写读取结果。 □无 DTC □有 DTC：＿＿＿＿＿＿＿＿ 2.与原故障码相关的动态数据检查结果。 □正常 □ 不正常 3.维修后的功能确认并填写结果。 □正常　　□ 不正常
十三、现场恢复	（不需要填写）

附件：绘制相关电路图

J05-04　单缸缺火的故障诊断与排除

1.任务描述

汽车的发动机故障灯常亮并伴随抖动现象,你有 60 分钟的时间对该故障进行诊断及排除。包括前期准备、安全检查、症状确认、目视检查、仪器连接、故障码和数据流读取、波形检测、元器件测量、电路测量、故障点确认和排除。

发现故障后应向裁判展示,在电路图上指出相应电气线路(包括端子和正确的导线)或零部件,并将故障的简要描述填写在工单上。

作业中要求较熟练地查阅维修资料、正确使用工量具和仪器设备、准确测量技术参数和判断故障点、正确记录作业过程和测试数据,做到安全文明生产。

2.实施条件

(1)工位要求
①每个工位要求场地在 15~20 m^2,设置 6 个工位;
②每个工位配有 1 m×0.6 m 的工作台;
③配有尾气排放装置;
④每个工位准备三个回收不同类型废料的垃圾桶;
⑤配有灭火装置、电鼓、气鼓、LED 照明灯。
(2)工具仪器设备清单(每个工位的配置)

序号	仪器设备/工具名称	说明
1	实训车辆	
2	数字万用表	
3	试灯	
4	维修手册	
5	工具车	放置工具、量具
6	梅花扳手、开口扳手	8~10 mm、12~14 mm
7	T 型杆	8~10 mm、12~14 mm
8	尖嘴钳	
9	鲤鱼钳	
10	一字起	

续上表

序号	仪器设备/工具名称	说明
11	十字起	
12	接线盒	
13	套装工具(150件组套)	世达
14	塞尺	世达
15	示波器	优利德
16	诊断仪	元征431

(3)辅助材料清单(每个工位的配置)

序号	辅助材料名称	说明
1	冷却液	
2	发动机油	
3	车内外防护套装	
4	三角木	
5	抹布	若干
6	保险片	10A
7	火花塞	
8	导线	
9	热缩管	
10	笔	
11	秒表	

3.考核时量

考核时限：60分钟。

4.评分细则

单缸缺火的故障诊断与排除评分标准

考核项目	评分标准(每项累计扣分不超过配分)	配分	得分
前期准备	□检查并熟悉工作场地，包括工具、设备、仪器，否则扣 0.5 分/项 □手持钥匙，按开锁键，遥控打开门锁，进入驾驶室，否则扣 0.5 分/项 □依次套上转向盘套、座椅套，并垫上脚垫，否则扣 1 分/项 □降下驾驶员侧车窗玻璃。将钥匙放在前挡玻璃下面或处于关闭状态，否则扣 1 分/项 □打开发动机罩，按规定摆放好左右翼子板布和前格栅布，否则扣 1 分 □熟悉故障诊断作业表的填写，正确记录整车型号、车辆识别代号、发动机型号，否则扣 1 分/项	5	
安全检查	□正确安装车轮挡块和底盘垫块，保证车辆启动和举升时安全可靠，否则扣 2 分/项 □连接尾气排气排放管，否则扣 1 分 □确认驻车制动器拉到极限位置，自动变速器操纵杆置于 P 挡位置，否则扣 1 分/项 □机油液位检查：拔出机油标尺，用干净的抹布擦干净后再插到底，几秒钟后，拔出机油标尺检查发动机机油液位，正常液位应在 3/4 至最高位之间，否则扣 2 分/项 □检查冷却液液位，否则扣 1 分 □检查制动液液位，否则扣 1 分 □拆卸蓄电池盖板，检查蓄电池电压，否则扣 1 分 □万用表校零：将数字式万用表置于欧姆挡，两表笔搭接电阻必须小于 1Ω，否则扣 1 分 否决项：出现人身安全或设备损坏将由裁判直接终止考试，总成绩按零分计算。	5	
仪器连接	□诊断仪接头选择正确、否则扣 1 分 □准备诊断仪，找到并打开汽车诊断插座。注意：确认点火开关处于关闭状态，否则扣 0.5 分 □连接诊断仪插头到汽车诊断座，打开诊断仪电源开关，打开点火开关至 ON 挡，确认仪表板灯亮，否则扣 0.5 分/项	2	
故障现象确认	□故障现象记录正确、完整，否则扣 1 分/项 □启动状态：注意初次启动发动机，未请示裁判而直接启动发动机，连续起动时间超过 5 秒钟，或者连续起动超过 3 次的，扣 1 分/项	2	
代码检查	□故障诊断仪操作流程正确，否则扣 1 分/项 □点击"当前故障码"，进入读码状态，记录当前故障码，否则扣 1 分	2	
确定故障范围	□确定并填写可能的故障范围：如相关部件，控制模块，相关线路等。错误一处扣 1 分	5	

续上表

考核项目	评分标准(每项累计扣分不超过配分)	配分	得分
部件测试	能正确进行元器件检查,方法正确,步骤完整,注意: (1)按提供的测试用电路连接线进行元器件测量,否则扣1分/次 (2)断开传感器、执行器插座前要先关闭点火开关,否则扣1分/次 (3)断开电脑连接线之前,拆下蓄电池的负极搭铁,断开整车电源,否则扣1分/次 (4)对不可能导致故障的元器件进行检查,扣1分/次 (5)工具选用与使用不当,扣1分/次 (6)对更换的元器件要进行一次测量,确认新元器件正常,否则扣1分/次	10	
波形检测	能正确进行相关电路的示波测试: (1)示波器表笔连接正确,否则扣2分 (2)根据故障内容检测相关电路波形,填写被测元件端口编号,并画出波形,否则扣3分 (3)根据故障内容绘制相关电路的正常波形,并填写被测元件端口编号,否则扣3分	5	
电路测量	能正确进行相关电路的测试,注意: (1)按提供的测试用电路连接线进行测量,否则扣3分/次 (2)断开传感器与执行器插座前要先关闭点火开关,否则扣2分/次 (3)断开电脑连接线之前,拆下蓄电池的负极搭铁,断开整车电源,否则扣2分/次 (4)对修复的线路要进行一次测量,确认修复成功,否则扣2分 (5)更换新保险丝前要确认电路是否短路,否则扣3分	20	
故障排除与修复结果确认	故障点确认正确,否则扣3分;维修意见正确,否则扣3分	14	
现场恢复	按5S标准整理现场,收回仪器、设备、工具等,恢复工作前场景。 □设备工具复位,否则扣1分/次 □保险丝盖复位,否则扣1分/次 □左右翼子板布和前格栅布复位、车内防护用具复位,否则扣1分/次 □发动机舱盖复位,否则扣1分/次 □驾驶员侧车窗玻璃复位,否则扣1分/次 □钥匙复位,否则扣1分/次 □尾气排气管复位,否则扣1分/次 □车轮挡块、底盘垫块复位,否则扣1分/次 □工具车、工具柜复位,否则扣1分 □废弃物处理,否则扣1分/次 □扫地、拖地,否则扣1分	5	

续上表

考核项目		评分标准(每项累计扣分不超过配分)	配分	得分
安全工作规范操作	职业形象	学生必须穿着工作服、防砸安全鞋,女生要佩戴帽子。扣分项:着装不合规范,扣0.5分/项,扣完为止	1	
	举止礼仪	言语不文明,顶撞考官。每次扣0.5分	1	
	三不落地	零部件、工量具、设备、油料、抹布等落地。一次扣0.5分	1	
	人物安全	操作过程中可能造成人身或设备损坏被裁判终止,一次扣0.5分 造成学生受伤,一次扣0.5分 以上累计最多扣2分	2	
工单填写		工单填写规范、正确	15	
维修手册的使用		□正确查询电路图,否则扣2分 □正确查询诊断流程,否则扣2分(如维修手册上未体现诊断流程,该项自动配分) □正确查询连接器端视图,否则扣1分	5	
总分			100	

单缸缺火的故障诊断与排除操作工单

项目名称	单缸缺火的故障诊断与排除(第2缸)		考试日期		月	日
姓名		班级		得分		

车辆信息	整车型号	
	车辆识别代码	
	发动机型号	

一、前期准备	(不需要填写)
二、安全检查	
三、仪器连接	
四、故障现象确认	确认故障症状并记录症状现象(根据不同故障范围,进行功能检测,并填写检测结果)。 ①发动机故障灯 MIL　　　□正常　□不正常 ②发动机启动及运转状况　　□正常　□不正常 ③蓄电池电压在11V以上　　□正常　□不正常
五、故障代码检查	□无 DTC □有 DTC: _____

续上表

	1.定格数据记录(只记录故障发生时的数据帧内容)包括:
	1)基本数据:

项目	数值	单位	判断
发动机转速			
冷却液温度			

2)定格数据中除基本数据外的反映故障码特征的相关数据:

项目	数值	单位	判断
无			
无			

2.与故障码特征相关的动态数据记录:

条件	项目	数值	判断
点火开关打开至ON挡位	点火线圈2控制电路开路测试状态		
发动机运转	气缸2当前缺火计数		
无			
无			

六、正确读取数据和清除故障码(当定格数据和动态数据中不存在反映故障码特征的相关数据时，应填写"无"。)

3.清除故障码;
4.确认故障码是否再次出现，并填写结果。
□无 DTC □有 DTC：＿＿＿＿＿＿＿＿＿＿＿

七、确定故障范围

根据上述检查进行判断并填写可能的故障范围。

电源及搭铁	□可能	□不可能
相关线路	□可能	□不可能
点火线圈	□可能	□不可能
发动机控制模块	□可能	□不可能
火花塞	□可能	□不可能

八、绘制电路图 | 见附件1:绘制相关电路图

九、基本检查
1.线路/连接器外观及连接情况： □正常 □不正常
2.零件安装等： □正常 □不正常

续上表

十、部件测试	对被怀疑的部件进行测试：		
	部件	检查或测试后的判断结果	
		□正常	□不正常
		□正常	□不正常
		□正常	□不正常
		□正常	□不正常
		□正常	□不正常
		□正常	□不正常
		□正常	□不正常

十一、电路测量	对被怀疑的线路进行测量： 注明插件代码和编号、控制单元针脚代号以及测量结果：		
	线路范围	检查或测试后的判断结果	
		□正常	□不正常
		□正常	□不正常
		□正常	□不正常
		□正常	□不正常
		□正常	□不正常
		□正常	□不正常
		□正常	□不正常
		□正常	□不正常

十二、绘制波形图	见附件2：绘制相关波形图

十三、故障部位确认和排除	根据上述所有检测结果，确定故障内容并注明： 1.确定的故障是：

□元件损坏	请写明元件名称：
□线路故障	请写明线路区间：
□其他	

2.故障点的排除处理说明：

□更换	□维修	□调整

续上表

十四、维修结果确认	1. 维修后故障代码读取并填写读取结果。 □无 DTC □有 DTC：_____
	2. 与原故障码相关的动态数据检查结果。 □正常 □不正常
	3. 维修后的功能确认并填写结果。 □正常 □不正常
十五、现场恢复	（不需要填写）

附件 1：绘制相关电路图

附件 2：绘制相关波形图

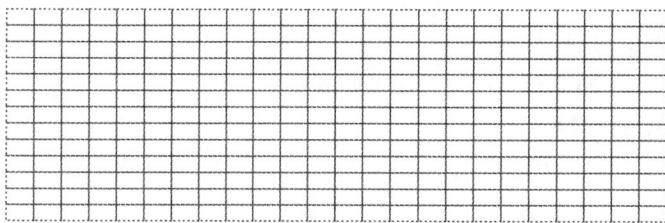

J05-05　发动机失去通信的故障诊断与排除

1. 任务描述

连接诊断仪后，仪器与汽车电脑无法进行通信。你有 60 分钟的时间对该故障进行诊断及排除。包括前期准备、安全检查、症状确认、目视检查、仪器连接、故障码和数据流读取、波形检测、元器件测量、电路测量、故障点确认和排除。

发现故障后应向裁判展示，在电路图上指出相应电气线路（包括端子和正确的导线）或零部件，并将对故障的简要描述填写在工单上。

作业中要求较熟练地查阅维修资料、正确使用工量具和仪器设备、准确测量技术参数和判断故障点、正确记录作业过程和测试数据，做到安全文明生产。

2. 实施条件

（1）工位要求

① 每个工位要求场地在 15~20 m²，设置 6 个工位；

② 每个工位配有 1 m×0.6 m 的工作台；

③ 配有尾气排放装置；

④ 每个工位准备三个回收不同类型废料的垃圾桶；

⑤ 配有灭火装置、电鼓、气鼓、LED 照明灯。

（2）工具仪器设备清单（每个工位的配置）

序号	仪器设备/工具名称	说明
1	实训车辆	
2	数字万用表	
3	试灯	
4	维修手册	
5	工具车	放置工具、量具
6	梅花扳手、开口扳手	8~10 mm、12~14 mm
7	T 型杆	8~10 mm、12~14 mm
8	尖嘴钳	
9	鲤鱼钳	
10	一字起	

续上表

序号	仪器设备/工具名称	说明
11	十字起	
12	接线盒	
13	套装工具(150件组套)	世达
14	塞尺	世达
15	示波器	优利德
16	诊断仪	元征431

（3）辅助材料清单（每个工位的配置）

序号	辅助材料名称	说明
1	冷却液	
2	发动机油	
3	车内外防护套装	
4	三角木	
5	抹布	若干
6	保险片	10A
7	导线	
8	热缩管	
9	笔	
10	秒表	
11	书写垫板	

3. 考核时量

考核时限：60分钟。

4. 评分细则

发动机失去通信的故障诊断与排除评分标准

考核项目	评分标准（每项累计扣分不超过配分）	配分	得分
前期准备	□检查并熟悉工作场地，包括工具、设备、仪器，否则扣 0.5 分/项 □手持钥匙，按开锁键，遥控打开门锁，进入驾驶室，否则扣 0.5 分/项 □依次套上转向盘套、座椅套，并垫上脚垫，否则扣 1 分/项 □降下驾驶员侧车窗玻璃。将钥匙放在前挡玻璃下面或处于关闭状态，否则扣 1 分/项 □打开发动机罩，按规定摆放好左右翼子板布和前格栅布，否则扣 1 分 □熟悉故障诊断作业表的填写，正确记录整车型号、车辆识别代号、发动机型号，否则扣 1 分/项	5	
安全检查	□正确安装车轮挡块和底盘垫块，保证车辆启动和举升时安全可靠，否则扣 2 分/项 □连接尾气排气排放管，否则扣 1 分 □确认驻车制动器拉到极限位置，自动变速器操纵杆置于 P 挡位置，否则扣 1 分/项 □机油液位检查：拔出机油标尺，用干净的抹布擦干净后再插到底，几秒钟后，拔出机油标尺检查发动机机油液位，正常液位应在 3/4 至最高位之间，否则扣 2 分/项 □检查冷却液液位，否则扣 1 分 □检查制动液液位，否则扣 1 分 □拆卸蓄电池盖板，检查蓄电池电压，否则扣 1 分 □万用表校零：将数字式万用表置于欧姆挡，两表笔搭接电阻必须小于 1Ω，否则扣 1 分 否决项：出现人身安全或设备损坏将由裁判直接终止考试，总成绩按零分计算。	5	
仪器连接	□诊断仪接头选择正确，否则扣 1 分 □准备诊断仪，找到并打开汽车诊断插座。注意：确认点火开关处于关闭状态，否则扣 0.5 分 □连接诊断仪插头到汽车诊断座，打开诊断仪电源开关，打开点火开关至 ON 挡，确认仪表板灯亮，否则扣 0.5 分/项	2	
故障现象确认	□故障现象记录正确、完整，否则扣 1 分/项 □启动状态：注意初次启动发动机，未请示裁判而直接启动发动机，连续起动时间超过 5 秒钟，或者连续起动超过 3 次的，扣 1 分/项	2	
代码检查	□故障诊断仪操作流程正确，否则扣 1 分/项 □点击"当前故障码"，进入读码状态，记录当前故障码，否则扣 1 分	2	
确定故障范围	□确定并填写可能的故障范围：如相关部件，控制模块，相关线路等。错误一处扣 1 分	5	

续上表

考核项目	评分标准(每项累计扣分不超过配分)	配分	得分
部件测试	能正确进行元器件检查,方法正确,步骤完整,注意: (1)按提供的测试用电路连接线进行元器件测量,否则扣1分/次 (2)断开传感器、执行器插座前要先关闭点火开关,否则扣1分/次 (3)断开电脑连接线之前,拆下蓄电池的负极搭铁,断开整车电源,否则扣1分/次 (4)对不可能导致故障的元器件进行检查,扣1分/次 (5)工具选用与使用不当,扣1分/次 (6)对更换的元器件要进行一次测量,确认新元器件正常,否则扣1分/次	10	
波形检测	能正确进行相关电路的波形测试: (1)示波器表笔连接正确,否则扣2分 (2)根据故障内容检测相关电路波形,填写被测元件端口编号,并画出波形,否则扣3分 (3)根据故障内容绘制相关电路的正常波形,并填写被测元件端口编号,否则扣3分	5	
电路测量	能正确进行相关电路的测试,注意: (1)按提供的测试用电路连接线进行测量,否则扣3分/次 (2)断开传感器与执行器插座前要先关闭点火开关,否则扣2分/次 (3)断开电脑连接线之前,拆下蓄电池的负极搭铁,断开整车电源,否则扣2分/次 (4)对修复的线路要进行一次测量,确认修复成功,否则扣2分 (5)更换新保险丝前要确认电路是否短路,否则扣3分	20	
故障排除与修复结果确认	故障点确认正确,否则扣3分;维修意见正确,否则扣3分	14	
现场恢复	按5S标准整理现场,收回仪器、设备、工具等,恢复工作前场景。 □设备工具复位,否则扣1分/次 □保险丝盖复位,否则扣1分/次 □左右翼子板布和前格栅布复位、车内防护用具复位,否则扣1分/次 □发动机舱盖复位,否则扣1分/次 □驾驶员侧车窗玻璃复位,否则扣1分/次 □钥匙复位,否则扣1分/次 □尾气排气管复位,否则扣1分/次 □车轮挡块、底盘垫块复位,否则扣1分/次 □工具车、工具柜复位,否则扣1分 □废弃物处理,否则扣1分/次 □扫地、拖地,否则扣1分	5	

续上表

考核项目		评分标准(每项累计扣分不超过配分)	配分	得分
安全工作规范操作	职业形象	学生必须穿着工作服、防砸安全鞋,女生要佩戴帽子。扣分项:着装不合规范,扣0.5分/项,扣完为止	1	
	举止礼仪	言语不文明,顶撞考官。每次扣0.5分	1	
	三不落地	零部件、工量具、设备、油料、抹布等落地。一次扣0.5分	1	
	人物安全	操作过程中可能造成人身或设备损坏被裁判终止,一次扣0.5分 造成学生受伤,一次扣0.5分 以上累计最多扣2分	2	
工单填写		工单填写规范、正确	15	
维修手册的使用		□正确查询电路图,否则扣2分 □正确查询诊断流程,否则扣2分(如维修手册上未体现诊断流程,该项自动配分) □正确查询连接器端视图,否则扣1分	5	
总分			100	

发动机失去通信的故障诊断与排除操作工单

项目名称	发动机失去通信的故障诊断与排除		考试日期	月 日
姓名		班级	得分	

车辆信息	整车型号	
	车辆识别代码	
	发动机型号	

一、前期准备	(不需要填写)
二、安全检查	
三、仪器连接	
四、故障现象确认	确认故障症状并记录症状现象(根据不同故障范围,进行功能检测,并填写检测结果)。 ①发动机故障灯 MIL　　　　□ 正常　　□ 不正常 ②发动机启动及运转状况　　□ 正常　　□ 不正常 ③蓄电池电压在11V以上　　□ 正常　　□ 不正常
五、故障代码检查	□无 DTC □有 DTC:_____

续上表

六、正确读取数据和清除故障码(当定格数据和动态数据中不存在反映故障码特征的相关数据时,应填写"无"。)	1.定格数据记录(只记录故障发生时的数据帧内容)包括: 1)基本数据:

1.定格数据记录(只记录故障发生时的数据帧内容)包括:

1)基本数据:

项目	数值	单位	判断
无			

2)定格数据中除基本数据外的反映故障码特征的相关数据:

项目	数值	单位	判断
无			
无			

2.与故障码特征相关的动态数据记录:

条件	项目	数值	判断
无			
无			
无			
无			

3.清除故障码;

4.确认故障码是否再次出现,并填写结果。

□无 DTC □有 DTC:_____

七、确定故障范围

根据上述检查进行判断并填写可能的故障范围。

电源及搭铁	□可能	□不可能
相关线路	□可能	□不可能
发动机控制模块	□可能	□不可能
K9	□可能	□不可能
组合仪表	□可能	□不可能
K33	□可能	□不可能

八、绘制电路图

见附件1:绘制相关电路图

九、基本检查

1.线路/连接器外观及连接情况:　□正常　　□不正常

2.零件安装等:　□正常　　□不正常

续上表

十、部件测试	对被怀疑的部件进行测试：	
	部件	检查或测试后的判断结果
		□正常 □不正常
		□正常 □不正常
		□正常 □不正常
		□正常 □不正常
		□正常 □不正常
		□正常 □不正常
		□正常 □不正常

十一、电路测量	对被怀疑的线路进行测量： 注明插件代码和编号、控制单元针脚代号以及测量结果：	
	部件	检查或测试后的判断结果
		□正常 □不正常
		□正常 □不正常
		□正常 □不正常
		□正常 □不正常
		□正常 □不正常
		□正常 □不正常
		□正常 □不正常
		□正常 □不正常

十二、绘制波形图	见附件2：绘制相关波形图

十三、故障部位确认和排除	根据上述所有检测结果，确定故障内容并注明： 1.确定的故障是：

□元件损坏	请写明元件名称：
□线路故障	请写明线路区间：
□其他	

2.故障点的排除处理说明：

□更换	□维修	□调整

续上表

十 四、维 修 结 果 确认	1.维修后故障代码读取并填写读取结果。 □无 DTC □有 DTC：_____	
	2.与原故障码相关的动态数据检查结果。 □正常　□不正常	
	3.维修后的功能确认并填写结果。 □正常　　□不正常	
十五、现场恢复	（不需要填写）	

附件 1：绘制相关电路图

附件 2：绘制相关波形图

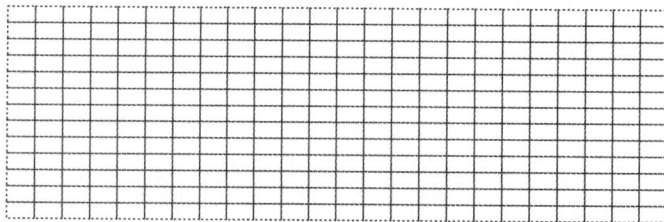

J05-06　空调压缩机不工作的故障诊断与排除

1.任务描述

打开汽车空调开关后压缩机不运转，空调无制冷效果，你有60分钟的时间对该故障进行诊断及排除。包括前期准备、安全检查、症状确认、目视检查、仪器连接、故障码和数据流读取、元器件测量、电路测量、故障点确认和排除。

发现故障后应向裁判展示，在电路图上指出相应电气线路(包括端子和正确的导线)或零部件，并将对故障的简要描述填写在工单上。

作业中要求较熟练地查阅维修资料、正确使用工量具和仪器设备、准确测量技术参数和判断故障点、正确记录作业过程和测试数据，做到安全文明生产。

2.实施条件

(1)工位要求

①每个工位要求场地在15~20 m²，设置6个工位；

②每个工位配有1 m×0.6 m的工作台；

③配有尾气排放装置；

④每个工位准备三个回收不同类型废料的垃圾桶；

⑤配有灭火装置、电鼓、气鼓、LED照明灯。

(2)工具仪器设备清单(每个工位的配置)

序号	仪器设备/工具名称	说明
1	实训车辆	
2	数字万用表	
3	试灯	
4	维修手册	
5	工具车	放置工具、量具
6	梅花扳手	8~10 mm、12~14 mm
7	开口扳手	8~10 mm、12~14 mm
8	T型杆	8~10 mm、12~14 mm
9	尖嘴钳	
10	鲤鱼钳	

续上表

序号	仪器设备/工具名称	说明
11	一字起	
12	十字起	
13	接线盒	
14	套装工具(150件组套)	世达
15	诊断仪	元征431

（3）辅助材料清单(每个工位的配置)

序号	辅助材料名称	说明
1	冷却液	
2	发动机油	
3	车内外防护套装	
4	三角木	
5	抹布	若干
6	保险片	10A
7	冷媒	
8	导线	
9	热缩管	
10	笔	
11	秒表	
12	书写垫板	
13	继电器	

3.考核时量

考核时限：60分钟。

4.评分细则

空调压缩机不工作的故障诊断与排除评分标准

考核项目	评分标准(每项累计扣分不超过配分)	配分	得分
前期准备	□检查并熟悉工作场地,包括工具、设备、仪器,否则扣0.5分/项 □手持钥匙,按开锁键,遥控打开门锁,进入驾驶室,否则扣0.5分/项 □依次套上转向盘套、座椅套,并垫上脚垫,否则扣1分/项 □降下驾驶员侧车窗玻璃。将钥匙放在前挡玻璃下面或处于关闭状态,否则扣1分/项 □打开发动机罩,按规定摆放好左右翼子板布和前格栅布,否则扣1分 □熟悉故障诊断作业表的填写,正确记录整车型号、车辆识别代号、发动机型号,否则扣1分/项	5	
安全检查	□正确安装车轮挡块和底盘垫块,保证车辆启动和举升时安全可靠,否则扣2分/项 □连接尾气排气排放管,否则扣1分 □确认驻车制动器拉到极限位置,自动变速器操纵杆置于P挡位置,否则扣1分/项 □机油液位检查:拔出机油标尺,用干净的抹布擦干净后再插到底,几秒钟后,拔出机油标尺检查发动机机油液位,正常液位应在3/4至最高位之间,否则扣2分/项 □检查冷却液液位,否则扣1分 □检查制动液液位,否则扣1分 □拆卸蓄电池盖板,检查蓄电池电压,否则扣1分 □万用表校零:将数字式万用表置于欧姆挡,两表笔搭接电阻必须小于1Ω,否则扣1分 否决项:出现人身安全或设备损坏将由裁判直接终止考试,总成绩按零分计算。	5	
仪器连接	□诊断仪接头选择正确、否则扣1分 □准备诊断仪,找到并打开汽车诊断插座。注意:确认点火开关处于关闭状态,否则扣0.5分 □连接诊断仪插头到汽车诊断座,打开诊断仪电源开关,打开点火开关至ON挡,确认仪表板灯亮,否则扣0.5分/项	2	
故障现象确认	□故障现象记录正确、完整,否则扣1分/项 □启动状态:注意初次启动发动机,未请示裁判而直接启动发动机,连续起动时间超过5秒钟,或者连续起动超过3次的,扣1分/项	2	
代码检查	□故障诊断仪操作流程正确,否则扣1分/项 □点击"当前故障码",进入读码状态,记录当前故障码,否则扣1分	2	

续上表

考核项目	评分标准(每项累计扣分不超过配分)	配分	得分
确定故障范围	确定并填写可能的故障范围:如相关部件,控制模块,相关线路等。错误一处扣1分	5	
部件测试	能正确进行元器件检查,方法正确,步骤完整,注意: (1)按提供的测试用电路连接线进行元器件测量,否则扣1分/次 (2)断开传感器、执行器插座前要先关闭点火开关,否则扣1分/次 (3)断开电脑连接线之前,拆下蓄电池的负极搭铁,断开整车电源,否则扣1分/次 (4)对不可能导致故障的元器件进行检查,扣1分/次 (5)工具选用与使用不当,扣1分/次 (6)对更换的元器件要进行一次测量,确认新元器件正常,否则扣1分/次	10	
电路测量	能正确进行相关电路的测试,注意: (1)按提供的测试用电路连接线进行测量,否则扣3分/次 (2)断开传感器与执行器插座前要先关闭点火开关,否则扣2分/次 (3)断开电脑连接线之前,拆下蓄电池的负极搭铁,断开整车电源,否则扣2分/次 (4)对修复的线路要进行一次测量,确认修复成功,否则扣2分 (5)更换新保险丝前要确认电路是否短路,否则扣3分	25	
故障排除与修复结果确认	故障点确认正确,否则扣3分;维修意见正确,否则扣3分	14	
现场恢复	按5S标准整理现场,收回仪器、设备、工具等,恢复工作前场景。 □设备工具复位,否则扣1分/次 □保险丝盖复位,否则扣1分/次 □左右翼子板布和前格栅布复位、车内防护用具复位,否则扣1分/次 □发动机舱盖复位,否则扣1分/次 □驾驶员侧车窗玻璃复位,否则扣1分/次 □钥匙复位,否则扣1分/次 □尾气排气管复位,否则扣1分/次 □车轮挡块、底盘垫块复位,否则扣1分/次 □工具车、工具柜复位,否则扣1分 □废弃物处理,否则扣1分/次 □扫地、拖地,否则扣1分	5	

续上表

考核项目		评分标准（每项累计扣分不超过配分）	配分	得分
安全工作规范操作	职业形象	学生必须穿着工作服、防砸安全鞋，女生要佩戴帽子。扣分项：着装不合规范，扣0.5分/项，扣完为止	1	
	举止礼仪	言语不文明，顶撞考官。每次扣0.5分	1	
	三不落地	零部件、工量具、设备、油料、抹布等落地。一次扣0.5分	1	
	人物安全	操作过程中可能造成人身或设备损坏被裁判终止，一次扣0.5分 造成学生受伤，一次扣0.5分 以上累计最多扣2分	2	
工单填写		工单填写规范、正确	15	
维修手册的使用		□正确查询电路图，否则扣2分 □正确查询诊断流程，否则扣2分（如维修手册上未体现诊断流程，该项自动配分） □正确查询连接器端视图，否则扣1分	5	
总分			100	

空调压缩机不工作的故障诊断与排除操作工单

项目名称		空调压缩机不工作的故障诊断与排除		考试日期		月	日
姓名			班级		得分		
车辆信息	整车型号						
	车辆识别代码						
	发动机型号						
一、前期准备		（不需要填写）					
二、安全检查							
三、仪器连接							
四、故障现象确认		确认故障症状并记录症状现象（根据不同故障范围，进行功能检测，并填写检测结果）。 ①发动机故障灯 MIL　　□正常　□不正常 ②发动机启动及运转状况　□正常　□不正常 ③蓄电池电压在11V以上　□正常　□不正常					
五、故障代码检查		□无 DTC □有 DTC：＿＿＿＿＿＿＿＿＿＿＿					

续上表

	1. 定格数据记录（只记录故障发生时的数据帧内容）：

项目	数值	单位	判断
环境温度			
冷却液温度			
蓄电池电压			
发动机负荷			
节气门位置			

2. 与故障码特征相关的动态数据记录：

条件	项目	数值	判断
发动机运转	空调请求信号		
	空调高压侧压力传感器		
	节气门位置		
	发动机转速		

3. 清除故障码；

4. 确认故障码是否再次出现，并填写结果。

□无 DTC □有 DTC：_____

六、正确读取数据和清除故障码（当定格数据和动态数据中不存在反映故障码特征的相关数据时，应填写"无"。）

根据上述检查进行判断并填写可能的故障范围。

电源及搭铁	□可能	□不可能
相关线路	□可能	□不可能
发动机控制模块	□可能	□不可能
空调压缩机离合器继电器	□可能	□不可能
空调控制模块	□可能	□不可能
空调压缩机电磁阀	□可能	□不可能
空调压缩机离合器	□可能	□不可能
空调制冷剂压力传感器	□可能	□不可能

七、确定故障范围

八、绘制电路图 | 见附件：绘制相关电路图

九、基本检查
1. 线路/连接器外观及连接情况： □正常 □不正常
2. 零件安装等： □正常 □不正常

续上表

十、部件测试	对被怀疑的部件进行部件测试。		
	部件	检查或测试后的判断结果	
		□正常	□不正常
		□正常	□不正常
		□正常	□不正常
		□正常	□不正常
		□正常	□不正常
		□正常	□不正常
		□正常	□不正常
		□正常	□不正常
		□正常	□不正常

十一、线路范围	对被怀疑的线路进行测量： 注明插件代码和编号、控制单元针脚代号以及测量结果：		
	部件	检查或测试后的判断结果	
		□正常	□不正常
		□正常	□不正常
		□正常	□不正常
		□正常	□不正常
		□正常	□不正常
		□正常	□不正常
		□正常	□不正常

十二、故障部位确认和排除

根据上述所有检测结果，确定故障内容并注明：

1. 确定的故障是：

□元件损坏	请写明元件名称：
□线路故障	请写明线路区间：
□其他	

2. 故障点的排除处理说明：

□更换	□维修	□调整

续上表

十三、维修结果确认	1.维修后故障代码读取并填写读取结果。 □无 DTC □有 DTC: _____
	2.与原故障码相关的动态数据检查结果。 □正常 □不正常
	3.维修后的功能确认并填写结果。 □正常 □不正常
十四、现场恢复	（不需要填写）

附件：绘制相关电路图

J05-07　驾驶员侧电动车窗不工作的故障诊断与排除

1.任务描述

按动驾驶员侧车窗开关时玻璃无法正常升降，你有60分钟的时间对该故障进行诊断及排除。包括前期准备、安全检查、症状确认、目视检查、仪器连接、故障码和数据流读取、元器件测量、电路测量、故障点确认和排除。

发现故障后应向裁判展示，在电路图上指出相应电气线路（包括端子和正确的导线）或零部件，并将对故障的简要描述填写在工单上。

作业中要求较熟练地查阅维修资料、正确使用工量具和仪器设备、准确测量技术参数和判断故障点、正确记录作业过程和测试数据，做到安全文明生产。

2.实施条件

（1）工位要求

①每个工位要求场地在15～20 m²，设置6个工位；

②每个工位配有1 m×0.6 m的工作台；

③配有尾气排放装置；

④每个工位准备三个回收不同类型废料的垃圾桶；

⑤配有灭火装置、电鼓、气鼓、LED照明灯。

（2）工具仪器设备清单（每个工位的配置）

序号	仪器设备/工具名称	说明
1	实训车辆	
2	数字万用表	
3	试灯	
4	维修手册	
5	工具车	放置工具、量具
6	梅花扳手	8～10 mm、12～14 mm
7	开口扳手	8～10 mm、12～14 mm
8	T型杆	8～10 mm、12～14 mm
9	尖嘴钳	

续上表

序号	仪器设备/工具名称	说明
10	鲤鱼钳	
11	一字起	
12	十字起	
13	接线盒	
14	套装工具(150件组套)	世达
15	内饰板拆卸套装	
16	诊断仪	元征431

(3)辅助材料清单(每个工位的配置)

序号	辅助材料名称	说明
1	冷却液	
2	发动机油	
3	车内外防护套装	
4	三角木	
5	抹布	若干
6	保险片	10A
7	导线	
8	热缩管	
9	笔	
10	秒表	
11	书写垫板	
12	车窗开关	与车型匹配

3. 考核时量

考核时限：60分钟。

4. 评分细则

驾驶员侧电动车窗不工作的故障诊断与排除评分标准

考核项目	评分标准(每项累计扣分不超过配分)	配分	得分
前期准备	□检查并熟悉工作场地,包括工具、设备、仪器,否则扣 0.5 分/项 □手持钥匙,按开锁键,遥控打开门锁,进入驾驶室,否则扣 0.5 分/项 □依次套上转向盘套、座椅套,并垫上脚垫,否则扣 1 分/项 □降下驾驶员侧车窗玻璃。将钥匙放在前挡玻璃下面或处于关闭状态,否则扣 1 分/项 □打开发动机罩,按规定摆放好左右翼子板布和前格栅布,否则扣 1 分 □熟悉故障诊断作业表的填写,正确记录整车型号、车辆识别代号、发动机型号,否则扣 1 分/项	5	
安全检查	□正确安装车轮挡块和底盘垫块,保证车辆启动和举升时安全可靠,否则扣 2 分/项 □连接尾气排气排放管,否则扣 1 分 □确认驻车制动器拉到极限位置,自动变速器操纵杆置于 P 挡位置,否则扣 1 分/项 □机油液位检查:拔出机油标尺,用干净的抹布擦干净后再插到底,几秒钟后,拔出机油标尺检查发动机机油液位,正常液位应在 3/4 至最高位之间,否则扣 2 分/项 □检查冷却液液位,否则扣 1 分 □检查制动液液位,否则扣 1 分 □拆卸蓄电池盖板,检查蓄电池电压,否则扣 1 分 □万用表校零:将数字式万用表置于欧姆挡,两表笔搭接电阻必须小于 1Ω,否则扣 1 分 否决项:出现人身安全或设备损坏将由裁判直接终止考试,总成绩按零分计算。	5	
仪器连接	□诊断仪接头选择正确,否则扣 1 分 □准备诊断仪,找到并打开汽车诊断插座。注意:确认点火开关处于关闭状态,否则扣 0.5 分 □连接诊断仪插头到汽车诊断座,打开诊断仪电源开关,打开点火开关至 ON 挡,确认仪表板灯亮,否则扣 0.5 分/项	2	
故障现象确认	□故障现象记录正确、完整,否则扣 1 分/项 □启动状态:注意初次启动发动机,未请示裁判而直接启动发动机,连续起动时间超过 5 秒钟,或者连续起动超过 3 次的,扣 1 分/项	2	
代码检查	□故障诊断仪操作流程正确,否则扣 1 分/项 □点击"当前故障码",进入读码状态,记录当前故障码,否则扣 1 分	2	
确定故障范围	□确定并填写可能的故障范围:如相关部件,控制模块,相关线路等。错误一处扣 1 分	5	

续上表

考核项目	评分标准（每项累计扣分不超过配分）	配分	得分
部件测试	能正确进行元器件检查，方法正确，步骤完整，注意： (1)按提供的测试用电路连接线进行元器件测量，否则扣 1 分/次 (2)断开传感器、执行器插座前要先关闭点火开关，否则扣 1 分/次 (3)断开电脑连接线之前，拆下蓄电池的负极搭铁，断开整车电源，否则扣 1 分/次 (4)对不可能导致故障的元器件进行检查，扣 1 分/次 (5)工具选用与使用不当，扣 1 分/次 (6)对更换的元器件要进行一次测量，确认新元器件正常，否则扣 1 分/次	10	
电路测量	能正确进行相关电路的测试，注意： (1)按提供的测试用电路连接线进行测量，否则扣 3 分/次 (2)断开传感器与执行器插座前要先关闭点火开关，否则扣 2 分/次 (3)断开电脑连接线之前，拆下蓄电池的负极搭铁，断开整车电源，否则扣 2 分/次 (4)对修复的线路要进行一次测量，确认修复成功，否则扣 2 分 (5)更换新保险丝前要确认电路是否短路，否则扣 3 分	25	
故障排除与修复结果确认	故障点确认正确，否则扣 3 分；维修意见正确，否则扣 3 分	14	
现场恢复	按 5S 标准整理现场，收回仪器、设备、工具等，恢复工作前场景。 □设备工具复位，否则扣 1 分/次 □保险丝盖复位，否则扣 1 分/次 □左右翼子板布和前格栅布复位、车内防护用具复位，否则扣 1 分/次 □发动机舱盖复位，否则扣 1 分/次 □驾驶员侧车窗玻璃复位，否则扣 1 分/次 □钥匙复位，否则扣 1 分/次 □尾气排气管复位，否则扣 1 分/次 □车轮挡块、底盘垫块复位，否则扣 1 分/次 □工具车、工具柜复位，否则扣 1 分 □废弃物处理，否则扣 1 分/次 □扫地、拖地，否则扣 1 分	5	

续上表

考核项目		评分标准(每项累计扣分不超过配分)	配分	得分
安全工作规范操作	职业形象	学生必须穿着工作服、防砸安全鞋,女生要佩戴帽子。扣分项:着装不合规范,扣0.5分/项,扣完为止	1	
	举止礼仪	言语不文明,顶撞考官。每次扣0.5分	1	
	三不落地	零部件、工量具、设备、油料、抹布等落地。一次扣0.5分	1	
	人物安全	操作过程中可能造成人身或设备损坏被裁判终止,一次扣0.5分 造成学生受伤,一次扣0.5分 以上累计最多扣2分	2	
工单填写		工单填写规范、正确	15	
维修手册的使用		□正确查询电路图,否则扣2分 □正确查询诊断流程,否则扣2分(如维修手册上未体现诊断流程,该项自动配分) □正确查询连接器端视图,否则扣1分	5	
总分			100	

驾驶员侧电动车窗不工作的故障诊断与排除操作工单

项目名称	驾驶员侧电动车窗不工作的故障诊断与排除		考试日期	月	日
姓名		班级		得分	

车辆信息	整车型号	
	车辆识别代码	
	发动机型号	

一、前期准备	(不需要填写)
二、安全检查	
三、仪器连接	
四、故障现象确认	确认故障症状并记录症状现象(根据不同故障范围,进行功能检测,并填写检测结果)。 ①蓄电池电压11V以上:　　□正常　　□不正常 ②主驾驶车窗工作情况:　　□正常　　□不正常
五、故障代码检查	□无DTC □有DTC:＿＿＿＿＿＿＿＿＿＿＿

续上表

六、正确读取数据和清除故障码（当定格数据和动态数据中不存在反映故障码特征的相关数据时，应填写"无"。）	1. 与故障码特征相关的动态数据记录：			
	条件	项目	数值	判断
	点火开关打到 ON 挡	驾驶员车窗主控制下降开关		
		驾驶员车窗主控制上升开关		
		驾驶员车窗主控制快速开关		
		驾驶员车窗主控制下降开关		

2. 清除故障码；

3. 确认故障码是否再次出现，并填写结果。

□无 DTC □有 DTC：_____

七、确定故障范围	根据上述检查进行判断并填写可能的故障范围。		
	电源及搭铁	□可能	□不可能
	相关线路	□可能	□不可能
	车身控制模块	□可能	□不可能
	车窗开关	□可能	□不可能
	车窗电机	□可能	□不可能
		□可能	□不可能

八、绘制电路图	见附件：绘制相关电路图

九、基本检查	1. 线路/连接器外观及连接情况：　□正常　　□ 不正常
	2. 零件安装等：　□正常　　□ 不正常

十、部件测试	对被怀疑的部件进行测试：		
	部件	检查或测试后的判断结果	
		□正常	□不正常
		□正常	□不正常
		□正常	□不正常
		□正常	□不正常
		□正常	□不正常
		□正常	□不正常
		□正常	□不正常

续上表

	对被怀疑的线路进行测量： 注明插件代码和编号、控制单元针脚代号以及测量结果：		
	线路范围	检查或测试后的判断结果	
十一、电路测量		□正常	□不正常
		□正常	□不正常
		□正常	□不正常
		□正常	□不正常
		□正常	□不正常
		□正常	□不正常
		□正常	□不正常
		□正常	□不正常
		□正常	□不正常

	根据上述所有检测结果，确定故障内容并注明： 1. 确定的故障是：	
十二、故障部位确认和排除	□元件损坏	请写明元件名称：
	□线路故障	请写明线路区间：
	□其他	

2. 故障点的排除处理说明：

□更换	□维修	□调整

	1. 维修后故障代码读取并填写读取结果。 □无 DTC □有 DTC: _____
十三、维修结果确认	2. 与原故障码相关的动态数据检查结果。 □正常 □ 不正常
	3. 维修后的功能确认并填写结果。 □正常 □ 不正常

十四、现场恢复	（不需要填写）

附件：绘制相关电路图

J05-08 燃油供给系统不工作的故障诊断与排除

1.任务描述

汽车短暂运转一段时间就熄火，你有60分钟的时间对该故障进行诊断及排除。包括前期准备、安全检查、症状确认、目视检查、仪器连接、故障码和数据流读取、元器件测量、电路测量、故障点确认和排除。

发现故障后应向裁判展示，在电路图上指出相应电气线路(包括端子和正确的导线)或零部件，并将对故障的简要描述填写在工单上。

作业中要求较熟练地查阅维修资料、正确使用工量具和仪器设备、准确测量技术参数和判断故障点、正确记录作业过程和测试数据，做到安全文明生产。

2.实施条件

(1)工位要求

①每个工位要求场地在15~20 m²，设置6个工位；

②每个工位配有1 m×0.6 m的工作台；

③配有尾气排放装置；

④每个工位准备三个回收不同类型废料的垃圾桶；

⑤配有灭火装置、电鼓、气鼓、LED照明灯。

(2)工具仪器设备清单(每个工位的配置)

序号	仪器设备/工具名称	说明
1	实训车辆	
2	数字万用表	
3	试灯	
4	维修手册	
5	工具车	放置工具、量具
6	梅花扳手	8~10 mm、12~14 mm
7	开口扳手	8~10 mm、12~14 mm
8	T型杆	8~10 mm、12~14 mm
9	尖嘴钳	

续上表

序号	仪器设备/工具名称	说明
10	鲤鱼钳	
11	一字起	
12	十字起	
13	接线盒	
14	套装工具(150件组套)	世达
15	塞尺	世达
16	诊断仪	元征431

（3）辅助材料清单（每个工位的配置）

序号	辅助材料名称	说明
1	冷却液	
2	发动机油	
3	车内外防护套装	
4	三角木	
5	抹布	若干
6	保险片	10A
7	导线	
8	热缩管	
9	笔	
10	秒表	
11	书写垫板	

3. 考核时量

考核时限：60分钟。

4. 评分细则

燃油供给系统不工作的故障诊断与排除评分标准

考核项目	评分标准(每项累计扣分不超过配分)	配分	得分
前期准备	□检查并熟悉工作场地,包括工具、设备、仪器,否则扣 0.5 分/项 □手持钥匙,按开锁键,遥控打开门锁,进入驾驶室,否则扣 0.5 分/项 □依次套上转向盘套、座椅套,并垫上脚垫,否则扣 1 分/项 □降下驾驶员侧车窗玻璃。将钥匙放在前挡玻璃下面或处于关闭状态,否则扣 1 分/项 □打开发动机罩,按规定摆放好左右翼子板布和前格栅布,否则扣 1 分/项 □熟悉故障诊断作业表的填写,正确记录整车型号、车辆识别代号、发动机型号,否则扣 1 分/项	5	
安全检查	□正确安装车轮挡块和底盘垫块,保证车辆启动和举升时安全可靠,否则扣 2 分/项 □连接尾气排气排放管,否则扣 1 分 □确认驻车制动器拉到极限位置,自动变速器操纵杆置于 P 挡位置,否则扣 1 分/项 □机油液位检查:拔出机油标尺,用干净的抹布擦干净后再插到底,几秒钟后,拔出机油标尺检查发动机机油液位,正常液位应在 3/4 至最高位之间,否则扣 2 分/项 □检查冷却液液位,否则扣 1 分 □检查制动液液位,否则扣 1 分 □拆卸蓄电池盖板,检查蓄电池电压,否则扣 1 分 □万用表校零:将数字式万用表置于欧姆挡,两表笔搭接电阻必须小于 1Ω,否则扣 1 分 否决项:出现人身安全或设备损坏将由裁判直接终止考试,总成绩按零分计算。	5	
仪器连接	□诊断仪接头选择正确,否则扣 1 分 □准备诊断仪,找到并打开汽车诊断插座。注意:确认点火开关处于关闭状态,否则扣 0.5 分 □连接诊断仪插头到汽车诊断座,打开诊断仪电源开关,打开点火开关至 ON 挡,确认仪表板灯亮,否则扣 0.5 分/项	2	
故障现象确认	□故障现象记录正确、完整,否则扣 1 分/项 □启动状态:注意初次启动发动机,未请示裁判而直接启动发动机,连续起动时间超过 5 秒钟,或者连续起动超过 3 次的,扣 1 分/项	2	
代码检查	□故障诊断仪操作流程正确,否则扣 1 分/项 □点击"当前故障码",进入读码状态,记录当前故障码,否则扣 1 分	2	

续上表

考核项目	评分标准(每项累计扣分不超过配分)	配分	得分
确定故障范围	确定并填写可能的故障范围：如相关部件，控制模块，相关线路等。错误一处扣 1 分	5	
部件测试	能正确进行元器件检查，方法正确，步骤完整，注意： (1)按提供的测试用电路连接线进行元器件测量，否则扣 1 分/次 (2)断开传感器、执行器插座前要先关闭点火开关，否则扣 1 分/次 (3)断开电脑连接线之前，拆下蓄电池的负极搭铁，断开整车电源，否则扣 1 分/次 (4)对不可能导致故障的元器件进行检查，扣 1 分/次 (5)工具选用与使用不当，扣 1 分/次 (6)对更换的元器件要进行一次测量，确认新元器件正常，否则扣 1 分/次	10	
电路测量	能正确进行相关电路的测试，注意： (1)按提供的测试用电路连接线进行测量，否则扣 3 分/次 (2)断开传感器与执行器插座前要先关闭点火开关，否则扣 2 分/次 (3)断开电脑连接线之前，拆下蓄电池的负极搭铁，断开整车电源，否则扣 2 分/次 (4)对修复的线路要进行一次测量，确认修复成功，否则扣 2 分 (5)更换新保险丝前要确认电路是否短路，否则扣 3 分	25	
故障排除与修复结果确认	故障点确认正确，否则扣 3 分；维修意见正确，否则扣 3 分	14	
现场恢复	按 5S 标准整理现场，收回仪器、设备、工具等，恢复工作前场景。 □设备工具复位，否则扣 1 分/次 □保险丝盖复位，否则扣 1 分/次 □左右翼子板布和前格栅布复位、车内防护用具复位，否则扣 1 分/次 □发动机舱盖复位，否则扣 1 分/次 □驾驶员侧车窗玻璃复位，否则扣 1 分/次 □钥匙复位，否则扣 1 分/次 □尾气排气管复位，否则扣 1 分/次 □车轮挡块、底盘垫块复位，否则扣 1 分/次 □工具车、工具柜复位，否则扣 1 分 □废弃物处理，否则扣 1 分/次 □扫地、拖地，否则扣 1 分	5	

续上表

考核项目		评分标准(每项累计扣分不超过配分)	配分	得分
安全工作规范操作	职业形象	学生必须穿着工作服、防砸安全鞋,女生要佩戴帽子。扣分项:着装不合规范,扣0.5分/项,扣完为止	1	
	举止礼仪	言语不文明,顶撞考官。每次扣0.5分	1	
	三不落地	零部件、工量具、设备、油料、抹布等落地。一次扣0.5分	1	
	人物安全	操作过程中可能造成人身或设备损坏被裁判终止,一次扣0.5分 造成学生受伤,一次扣0.5分 以上累计最多扣2分	2	
工单填写		工单填写规范、正确	15	
维修手册的使用		□正确查询电路图,否则扣2分 □正确查询诊断流程,否则扣2分(如维修手册上未体现诊断流程,该项自动配分) □正确查询连接器端视图,否则扣1分	5	
总分			100	

燃油供给系统不工作的故障诊断与排除操作工单

项目名称		燃油供给系统不工作的故障诊断与排除		考试日期	月　　日
姓名			班级	得分	
车辆信息	整车型号				
	车辆识别代码				
	发动机型号				

一、前期准备	（不需要填写）
二、安全检查	
三、仪器连接	
四、故障现象确认	确认故障症状并记录症状现象(根据不同故障范围,进行功能检测,并填写检测结果)。 ①发动机故障灯 MIL:　　　　□正常　　□不正常 ②发动机启动及运转状况:　　□正常　　□不正常 ③蓄电池电压在11V以上:　　□正常　　□不正常
五、故障代码检查	□无 DTC □有 DTC:＿＿＿＿＿＿＿＿＿＿＿＿＿＿＿

续上表

六、正确读取数据和清除故障码(当定格数据和动态数据中不存在反映故障码特征的相关数据时,应填写"无"。)	1.定格数据记录(只记录故障发生时的数据帧内容)包括:

1.定格数据记录(只记录故障发生时的数据帧内容)包括:

1)基本数据:

项目	数值	单位	判断
发动机转速			

2)定格数据中除基本数据外的反映故障码特征的相关数据:

项目	数值	单位	判断
无			
无			

2.与故障码特征相关的动态数据记录:

条件	项目	数值	判断
无			
无			
无			
无			

3.清除故障码;

4.确认故障码是否再次出现,并填写结果。

□无 DTC □有 DTC _____

七、确定故障范围	根据上述检查进行判断并填写可能的故障范围。

根据上述检查进行判断并填写可能的故障范围。

电源及搭铁	□可能	□不可能
相关线路	□可能	□不可能
发动机控制模块	□可能	□不可能
燃油泵驱动器控制模块	□可能	□不可能
燃油泵	□可能	□不可能

八、绘制电路图	见附件:绘制相关电路图

九、基本检查	1.线路/连接器外观及连接情况 □正常 □不正常 2.零件安装等: □正常 □不正常

十、部件测试	对被怀疑的部件进行测试:

对被怀疑的部件进行测试:

部件	检查或测试后的判断结果	
	□正常	□不正常
	□正常	□不正常
	□正常	□不正常
	□正常	□不正常
	□正常	□不正常
	□正常	□不正常
	□正常	□不正常

续上表

十一、电路测量	对被怀疑的线路进行测量: 注明插件代码和编号、控制单元针脚代号以及测量结果:	

对被怀疑的线路进行测量:

注明插件代码和编号、控制单元针脚代号以及测量结果:

线路范围	检查或测试后的判断结果	
	□正常	□不正常
	□正常	□不正常
	□正常	□不正常
	□正常	□不正常
	□正常	□不正常
	□正常	□不正常
	□正常	□不正常
	□正常	□不正常
	□正常	□不正常

十一、电路测量

十二、故障部位确认和排除

根据上述所有检测结果,确定故障内容并注明:

1. 确定的故障是:

□元件损坏	请写明元件名称:
□线路故障	请写明线路区间:
□其他	

2. 故障点的排除处理说明:

□更换	□维修	□调整

十三、维修结果确认

1. 维修后故障代码读取并填写读取结果。

□无 DTC □有 DTC:_____

2. 与原故障码相关的动态数据检查结果。

□正常 □ 不正常

3. 维修后的功能确认并填写结果。

□正常 □ 不正常

十四、现场恢复 (不需要填写)

附件:绘制相关电路图

245

J05-09　起动机不工作的故障诊断与排除

1.任务描述

启动车辆,起动机无任何运转的迹象,你有60分钟的时间对该故障进行诊断及排除。包括前期准备、安全检查、症状确认、目视检查、仪器连接、故障码和数据流读取、元器件测量、电路测量、故障点确认和排除。

发现故障后应向裁判展示,在电路图上指出相应电气线路(包括端子和正确的导线)或零部件,并将对故障的简要描述填写在工单上。

作业中要求较熟练地查阅维修资料、正确使用工量具和仪器设备、准确测量技术参数和判断故障点、正确记录作业过程和测试数据,做到安全文明生产。

2.实施条件

(1)工位要求

①每个工位要求场地在 15~20 m²,设置 6 个工位;

②每个工位配有 1 m×0.6 m 的工作台;

③配有尾气排放装置;

④每个工位准备三个回收不同类型废料的垃圾桶;

⑤配有灭火装置、电鼓、气鼓、LED 照明灯。

(2)工具仪器设备清单(每个工位的配置)

序号	仪器设备/工具名称	说明
1	实训车辆	
2	数字万用表	
3	试灯	
4	维修手册	
5	工具车	放置工具、量具
6	梅花扳手	8~10 mm、12~14 mm
7	开口扳手	8~10 mm、12~14 mm
8	T 型杆	8~10 mm、12~14 mm

续上表

序号	仪器设备/工具名称	说明
9	尖嘴钳	
10	鲤鱼钳	
11	一字起	
12	十字起	
13	接线盒	
14	套装工具(150件组套)	世达
15	诊断仪	元征431

(3)辅助材料清单(每个工位的配置)

序号	辅助材料名称	说明
1	冷却液	
2	发动机油	
3	车内外防护套装	
4	三角木	
5	抹布	若干
6	保险片	10A
7	导线	
8	热缩管	
9	笔	
10	秒表	
11	书写垫板	

3.考核时量

考核时限：60分钟。

4.评分细则

起动机不工作的故障诊断与排除评分标准

考核项目	评分标准(每项累计扣分不超过配分)	配分	得分
前期准备	□检查并熟悉工作场地,包括工具、设备、仪器,否则扣 0.5 分/项 □手持钥匙,按开锁键,遥控打开门锁,进入驾驶室,否则扣 0.5 分/项 □依次套上转向盘套、座椅套,并垫上脚垫,否则扣 1 分/项 □降下驾驶员侧车窗玻璃。将钥匙放在前挡玻璃下面或处于关闭状态,否则扣 1 分/项 □打开发动机罩,按规定摆放好左右翼子板布和前格栅布,否则扣 1 分 □熟悉故障诊断作业表的填写,正确记录整车型号、车辆识别代号、发动机型号,否则扣 1 分/项	5	
安全检查	□正确安装车轮挡块和底盘垫块,保证车辆启动和举升时安全可靠,否则扣 2 分/项 □连接尾气排气排放管,否则扣 1 分 □确认驻车制动器拉到极限位置,自动变速器操纵杆置于 P 挡位置,否则扣 1 分/项 □机油液位检查:拔出机油标尺,用干净的抹布擦干净后再插到底,几秒钟后,拔出机油标尺检查发动机机油液位,正常液位应在 3/4 至最高位之间,否则扣 2 分/项 □检查冷却液液位,否则扣 1 分 □检查制动液液位,否则扣 1 分 □拆卸蓄电池盖板,检查蓄电池电压,否则扣 1 分 □万用表校零:将数字式万用表置于欧姆挡,两表笔搭接电阻必须小于 1Ω,否则扣 1 分 否决项:出现人身安全或设备损坏将由裁判直接终止考试,总成绩按零分计算。	5	
仪器连接	□诊断仪接头选择正确,否则扣 1 分 □准备诊断仪,找到并打开汽车诊断插座。注意:确认点火开关处于关闭状态,否则扣 0.5 分 □连接诊断仪插头到汽车诊断座,打开诊断仪电源开关,打开点火开关至 ON 挡,确认仪表板灯亮,否则扣 0.5 分/项	2	
故障现象确认	□故障现象记录正确、完整,否则扣 1 分/项 □启动状态:注意初次启动发动机,未请示裁判而直接启动发动机,连续起动时间超过 5 秒钟,或者连续起动超过 3 次的,扣 1 分/项	2	
代码检查	□故障诊断仪操作流程正确,否则扣 1 分/项 □点击"当前故障码",进入读码状态,记录当前故障码,否则扣 1 分	2	

续上表

考核项目	评分标准(每项累计扣分不超过配分)	配分	得分
确定故障范围	确定并填写可能的故障范围:如相关部件,控制模块,相关线路等。错误一处扣1分	5	
部件测试	能正确进行元器件检查,方法正确,步骤完整,注意: (1)按提供的测试用电路连接线进行元器件测量,否则扣1分/次 (2)断开传感器、执行器插座前要先关闭点火开关,否则扣1分/次 (3)断开电脑连接线之前,拆下蓄电池的负极搭铁,断开整车电源,否则扣1分/次 (4)对不可能导致故障的元器件进行检查,扣1分/次 (5)工具选用与使用不当,扣1分/次 (6)对更换的元器件要进行一次测量,确认新元器件正常,否则扣1分/次	10	
电路测量	能正确进行相关电路的测试,注意: (1)按提供的测试用电路连接线进行测量,否则扣3分/次 (2)断开传感器与执行器插座前要先关闭点火开关,否则扣2分/次 (3)断开电脑连接线之前,拆下蓄电池的负极搭铁,断开整车电源,否则扣2分/次 (4)对修复的线路要进行一次测量,确认修复成功,否则扣2分 (5)更换新保险丝前要确认电路是否短路,否则扣3分	25	
故障排除与修复结果确认	故障点确认正确,否则扣3分;维修意见正确,否则扣3分	14	
现场恢复	按5S标准整理现场,收回仪器、设备、工具等,恢复工作前场景。 □设备工具复位,否则扣1分/次 □保险丝盖复位,否则扣1分/次 □左右翼子板布和前格栅布复位、车内防护用具复位,否则扣1分/次 □发动机舱盖复位,否则扣1分/次 □驾驶员侧车窗玻璃复位,否则扣1分/次 □钥匙复位,否则扣1分/次 □尾气排气管复位,否则扣1分/次 □车轮挡块、底盘垫块复位,否则扣1分/次 □工具车、工具柜复位,否则扣1分 □废弃物处理,否则扣1分/次 □扫地、拖地,否则扣1分	5	

续上表

考核项目		评分标准(每项累计扣分不超过配分)	配分	得分
安全工作规范操作	职业形象	学生必须穿着工作服、防砸安全鞋,女生要佩戴帽子。扣分项:着装不合规范,扣0.5分/项,扣完为止	1	
	举止礼仪	言语不文明,顶撞考官。每次扣0.5分	1	
	三不落地	零部件、工量具、设备、油料、抹布等落地。一次扣0.5分	1	
	人物安全	操作过程中可能造成人身或设备损坏被裁判终止,一次扣0.5分 造成学生受伤,一次扣0.5分 以上累计最多扣2分	2	
工单填写		工单填写规范、正确	15	
维修手册的使用		□正确查询电路图,否则扣2分 □正确查询诊断流程,否则扣2分(如维修手册上未体现诊断流程,该项自动配分) □正确查询连接器端视图,否则扣1分	5	
总分			100	

起动机不工作的的故障诊断与排除操作工单

项目名称	起动机不工作的故障诊断与排除		考试日期	月 日
姓名		班级	得分	

车辆信息	整车型号	
	车辆识别代码	
	发动机型号	

一、前期准备	（不需要填写）
二、安全检查	
三、仪器连接	
四、故障现象确认	确认故障症状并记录症状现象(根据不同故障范围,进行功能检测,并填写检测结果)。 ①发动机故障灯 MIL:　　　□正常　　□不正常 ②发动机启动及运转状况:　　□正常　　□不正常 ③蓄电池电压在11V以上:　　□正常　　□不正常
五、故障代码检查	□无 DTC □有 DTC:_____

续上表

六、正确读取数据和清除故障码（当定格数据和动态数据中不存在反映故障码特征的相关数据时，应填写"无"。）	1.定格数据记录（只记录故障发生时的数据帧内容）包括： 1)基本数据： 2)定格数据中除基本数据外的反映故障码特征的相关数据： 2.与故障码特征相关的动态数据记录： 3.清除故障码； 4.确认故障码是否再次出现，并填写结果。 □无 DTC □有 DTC：＿＿＿＿＿＿＿＿＿＿

1)基本数据：

项目	数值	单位	判断
发动机转速			

2)定格数据中除基本数据外的反映故障码特征的相关数据：

项目	数值	单位	判断
无			
无			

2.与故障码特征相关的动态数据记录：

条件	项目	数值	判断
点火开关处于 ON 挡位置	起动请求信号		
	起动继电器		
	驻车/空挡开关		

七、确定故障范围	根据上述检查进行判断并填写可能的故障范围。

电源及搭铁	□可能	□不可能
相关线路	□可能	□不可能
发动机控制模块	□可能	□不可能
起动机	□可能	□不可能
起动继电器	□可能	□不可能

八、绘制电路图	见附件：绘制相关电路图
九、基本检查	1.线路/连接器外观及连接情况：□正常 □不正常 2.零件安装等：□正常 □不正常

续上表

十、部件测试	对被怀疑的部件进行测试：		
	部件	检查或测试后的判断结果	
		□正常	□不正常
		□正常	□不正常
		□正常	□不正常
		□正常	□不正常
		□正常	□不正常
		□正常	□不正常
		□正常	□不正常

十一、电路测量	对被怀疑的线路进行测量： 注明插件代码和编号、控制单元针脚代号以及测量结果：		
	线路范围	检查或测试后的判断结果	
		□正常	□不正常
		□正常	□不正常
		□正常	□不正常
		□正常	□不正常
		□正常	□不正常
		□正常	□不正常
		□正常	□不正常
		□正常	□不正常
		□正常	□不正常

十二、故障部位确认和排除	根据上述所有检测结果，确定故障内容并注明： 1. 确定的故障是：		
	□元件损坏	请写明元件名称：	
	□线路故障	请写明线路区间：	
	□其他		
	2. 故障点的排除处理说明：		
	□更换	□维修	□调整

续上表

十三、维修结果确认	1.维修后故障代码读取并填写读取结果。 □无 DTC □有 DTC： _____
	2.与原故障码相关的动态数据检查结果。 □正常 □ 不正常
	3.维修后的功能确认并填写结果。 □正常　　□ 不正常
十四、现场恢复	（不需要填写）

附件：绘制相关电路图

J05-10 前照灯不亮的故障诊断与排除

1. 任务描述

汽车的前照灯不亮，你有 60 分钟的时间对该故障进行诊断，包括前期准备、安全检查、症状确认、目视检查、仪器连接、故障码和数据流读取、元器件测量、电路测量、故障点确认和排除。

发现故障后应向裁判展示，在电路图上指出相应电气线路（包括端子和正确的导线）或零部件，并将对故障的简要描述填写在工单上。

作业中要求较熟练地查阅维修资料、正确使用工量具和仪器设备、准确测量技术参数和判断故障点、正确记录作业过程和测试数据，做到安全文明生产。

2. 实施条件

（1）工位要求

①每个工位要求场地在 15~20 m²，设置 6 个工位；

②每个工位配有 1 m×0.6 m 的工作台；

③配有尾气排放装置；

④每个工位准备三个回收不同类型废料的垃圾桶；

⑤配有灭火装置、电鼓、气鼓、LED 照明灯。

（2）工具仪器设备清单（每个工位的配置）

序号	仪器设备/工具名称	说明
1	实训车辆	
2	数字万用表	
3	试灯	
4	维修手册	
5	工具车	放置工具、量具
6	梅花扳手	8~10 mm、12~14 mm
7	开口扳手	8~10 mm、12~14 mm
8	T 型杆	8~10 mm、12~14 mm
9	尖嘴钳	
10	鲤鱼钳	

续上表

序号	仪器设备/工具名称	说明
11	一字起	
12	十字起	
13	接线盒	
14	大灯开关	
15	套装工具(150件组套)	世达
16	诊断仪	元征431

(3)辅助材料清单(每个工位的配置)

序号	辅助材料名称	说明
1	冷却液	
2	发动机油	
3	车内外防护套装	
4	三角木	
5	抹布	若干
6	保险片	10A
7	大灯继电器	
8	热缩管	
9	导线	
10	灯泡	
11	笔	
12	秒表	
13	书写垫板	

3.考核时量

考核时限：60分钟。

4.评分细则

前照灯不亮的故障诊断与排除评分标准

考核项目	评分标准(每项累计扣分不超过配分)	配分	得分
前期准备	□检查并熟悉工作场地,包括工具、设备、仪器,否则扣 0.5 分/项 □手持钥匙,按开锁键,遥控打开门锁,进入驾驶室,否则扣 0.5 分/项 □依次套上转向盘套、座椅套,并垫上脚垫,否则扣 1 分/项 □降下驾驶员侧车窗玻璃。将钥匙放在前挡玻璃下面或处于关闭状态,否则扣 1 分/项 □打开发动机罩,按规定摆放好左右翼子板布和前格栅布,否则扣 1 分 □熟悉故障诊断作业表的填写,正确记录整车型号、车辆识别代号、发动机型号,否则扣 1 分/项	5	
安全检查	□正确安装车轮挡块和底盘垫块,保证车辆启动和举升时安全可靠,否则扣 2 分/项 □连接尾气排气排放管,否则扣 1 分 □确认驻车制动器拉到极限位置,自动变速器操纵杆置于 P 挡位置,否则扣 1 分/项 □机油液位检查:拔出机油标尺,用干净的抹布擦干净后再插到底,几秒钟后,拔出机油标尺检查发动机机油液位,正常液位应在 3/4 至最高位之间,否则扣 2 分/项 □检查冷却液液位,否则扣 1 分 □检查制动液液位,否则扣 1 分 □拆卸蓄电池盖板,检查蓄电池电压,否则扣 1 分 □万用表校零:将数字式万用表置于欧姆挡,两表笔搭接电阻必须小于 1Ω,否则扣 1 分 否决项:出现人身安全或设备损坏将由裁判直接终止考试,总成绩按零分计算。	5	
仪器连接	□诊断仪接头选择正确,否则扣 1 分 □准备诊断仪,找到并打开汽车诊断插座。注意:确认点火开关处于关闭状态,否则扣 0.5 分 □连接诊断仪插头到汽车诊断座,打开诊断仪电源开关,打开点火开关至 ON 挡,确认仪表板灯亮,否则扣 0.5 分/项	2	
故障现象确认	□故障现象记录正确、完整,否则扣 1 分/项 □启动状态:注意初次启动发动机,未请示裁判而直接启动发动机,连续起动时间超过 5 秒钟,或者连续起动超过 3 次的,扣 1 分/项	2	
代码检查	□故障诊断仪操作流程正确,否则扣 1 分/项 □点击"当前故障码",进入读码状态,记录当前故障码,否则扣 1 分	2	

续上表

考核项目	评分标准(每项累计扣分不超过配分)	配分	得分
确定故障范围	□确定并填写可能的故障范围:如相关部件,控制模块,相关线路等。错误一处扣1分	5	
部件测试	能正确进行元器件检查,方法正确,步骤完整,注意: (1)按提供的测试用电路连接线进行元器件测量,否则扣1分/次 (2)断开传感器、执行器插座前要先关闭点火开关,否则扣1分/次 (3)断开电脑连接线之前,拆下蓄电池的负极搭铁,断开整车电源,否则扣1分/次 (4)对不可能导致故障的元器件进行检查,扣1分/次 (5)工具选用与使用不当,扣1分/次 (6)对更换的元器件要进行一次测量,确认新元器件正常,否则扣1分/次	15	
电路测量	能正确进行相关电路的测试,注意: (1)按提供的测试用电路连接线进行测量,否则扣3分/次 (2)断开传感器与执行器插座前要先关闭点火开关,否则扣2分/次 (3)断开电脑连接线之前,拆下蓄电池的负极搭铁,断开整车电源,否则扣2分/次 (4)对修复的线路要进行一次测量,确认修复成功,否则扣2分 (5)更换新保险丝前要确认电路是否短路,否则扣3分	20	
故障排除与修复结果确认	故障点确认正确,否则扣3分;维修意见正确,否则扣3分	14	
现场恢复	按5S标准整理现场,收回仪器、设备、工具等,恢复工作前场景。 □设备工具复位,否则扣1分/次 □保险丝盖复位,否则扣1分/次 □左右翼子板布和前格栅布复位、车内防护用具复位,否则扣1分/次 □发动机舱盖复位,否则扣1分/次 □驾驶员侧车窗玻璃复位,否则扣1分/次 □钥匙复位,否则扣1分/次 □尾气排气管复位,否则扣1分/次 □车轮挡块、底盘垫块复位,否则扣1分/次 □工具车、工具柜复位,否则扣1分 □废弃物处理,否则扣1分/次 □扫地、拖地,否则扣1分	5	

续上表

考核项目		评分标准(每项累计扣分不超过配分)	配分	得分
安全工作规范操作	职业形象	学生必须穿着工作服、防砸安全鞋,女生要佩戴帽子。扣分项:着装不合规范,扣0.5分/项,扣完为止	1	
	举止礼仪	言语不文明,顶撞考官。每次扣0.5分	1	
	三不落地	零部件、工量具、设备、油料、抹布等落地。一次扣0.5分	1	
	人物安全	操作过程中可能造成人身或设备损坏被裁判终止,一次扣0.5分 造成学生受伤,一次扣0.5分 以上累计最多扣2.5分	2	
工单填写		工单填写规范、正确	15	
维修手册的使用		□正确查询电路图 □正确查询诊断流程(如维修手册上未体现诊断流程,该项自动配分) □正确查询连接器端视图	5	
总分			100	

前照灯不亮的故障诊断与排除操作工单

项目名称	前照灯不亮的故障诊断与排除		考试日期	月 日
姓名		班级	得分	

车辆信息	整车型号	
	车辆识别代码	
	发动机型号	

一、前期准备	
二、安全检查	(不需要填写)
三、仪器连接	
四、故障现象确认	确认故障症状并记录症状现象(根据不同故障范围,进行功能检测,并填写检测结果)。 ①小灯工作情况: □ 正常 □ 不正常 ②大灯近光灯工作情况: □ 正常 □ 不正常 ③大灯远光灯工作情况: □ 正常 □ 不正常 ④大灯变光操作: □ 正常 □ 不正常 ⑤蓄电池电压在11V以上: □ 正常 □ 不正常
五、故障代码检查	□无DTC □有DTC:_____

续上表

| 六、正确读取数据和清除故障码（当定格数据和动态数据中不存在反映故障码特征的相关数据时，应填写"无"。） | 1. 定格数据记录（只记录故障发生时的数据帧内容）包括：
1）基本数据：

2）定格数据中除基本数据外的反映故障码特征的相关数据：

2. 与故障码特征相关的动态数据记录：

3. 清除故障码；
4. 确认故障码是否再次出现，并填写结果。
□无 DTC □有 DTC： _____ |

1. 定格数据记录（只记录故障发生时的数据帧内容）包括：

1）基本数据：

项目	数值	单位	判断
无			

2）定格数据中除基本数据外的反映故障码特征的相关数据：

项目	数值	单位	判断
无			
无			

2. 与故障码特征相关的动态数据记录：

条件	项目	数值	判断
近光灯开关关闭	近光灯继电器指令		
近光灯开关打开	近光灯继电器指令		
远光灯开关关闭	远光灯指令		
远光灯开关打开	远光灯指令		

3. 清除故障码；

4. 确认故障码是否再次出现，并填写结果。

□无 DTC　□有 DTC： _____

七、确定故障范围	根据上述检查进行判断并填写可能的故障范围。

根据上述检查进行判断并填写可能的故障范围。

灯光组合开关	□可能	□不可能
电源及保险	□可能	□不可能
组合开关接地线路	□可能	□不可能
其他相关线路故障	□可能	□不可能
前照灯远光继电器	□可能	□不可能
灯泡	□可能	□不可能
车身控制模块	□可能	□不可能
	□可能	□不可能
	□可能	□不可能

八、绘制电路图	见附件：绘制相关电路图
九、基本检查	1. 线路/连接器外观及连接情况：　□正常　　□不正常 2. 零件安装等：　□正常　　□不正常

续上表

十、部件测试	对被怀疑的部件进行测试：

部件	检查或测试后的判断结果	
	□正常	□不正常
	□正常	□不正常
	□正常	□不正常
	□正常	□不正常
	□正常	□不正常

十一、电路测量	对被怀疑的线路进行测量： 注明插件代码和编号、控制单元针脚代号以及测量结果：

线路范围	检查或测试后的判断结果	
	□正常	□不正常
	□正常	□不正常
	□正常	□不正常
	□正常	□不正常
	□正常	□不正常
	□正常	□不正常
	□正常	□不正常

十二、故障部位确认和排除

根据上述所有检测结果，确定故障内容并注明：

1. 确定的故障是：

□元件损坏	请写明元件名称：
□线路故障	请写明线路区间：
□其他	

2. 故障点的排除处理说明：

□更换	□维修	□调整

十三、维修结果确认

1. 维修后故障代码读取并填写读取结果。
□无 DTC □有 DTC：_____

2. 与原故障码相关的动态数据检查结果。
□正常 □ 不正常

3. 维修后的功能确认并填写结果。
□正常 □ 不正常

十四、现场恢复	（不需要填写）

续上表

附件：绘制相关电路图

J06-01 车辆 PDI 检查

1. 任务描述

（1）任务内容

在规定的时间内，请你按照维修手册的要求，选择正确的工具、设备制订出合适的实施计划完成车辆的 PDI 检查。

（2）任务要求

①严格按照维修手册的要求；

②完成操作工单并记录好相关的测量数值；

③操作时工具、量具摆放规范整齐，符合企业基本的 6S（整理、整顿、清扫、清洁、素养、安全）管理要求，及时清扫杂物，保持工作台面清洁；

④具有良好的职业素养，符合企业基本的质量常识和管理要求。

2. 实施条件

（1）工位要求

①每个工位要求场地在 15~20 m²，并配置举升设备和灭火装置，电鼓、气鼓、LED 照明灯；

②每个工位配有 1 m×0.6 m 的工作台；

③每个工位准备三个回收不同类型废料的垃圾桶；

④场地应整洁、卫生、明亮、通风良好，禁止明火和吸烟。

（2）工具仪器设备清单

序号	名称	型号规格	数量	备注
1	考试用车		1 台	
2	工具套装（150 件）	世达	1 套	
3	数字式扭力扳手	0~100 N·m	1 把	
4	指针式扭力扳手	0~300 N·m	1 把	
5	轮胎气压表		1 个	
6	万用表		1 台	

（3）辅助材料清单

序号	名称	数量	备注
1	抹布	若干	
2	轮胎清洗剂	1瓶	
3	玻璃水	1瓶	
4	车内防护套装	1套	
5	车外防护套装	1套	
6	手套	1副	
7	冷却液	1瓶	

3. 考核时量

考核时限：60分钟。

4. 评分细则

车辆 PDI 检查评分标准

评分项目	主要评分点	分值说明	分值	得分	评分记录
健康与安全	作业准备	□着装符合要求 □安装车辆防护 □安装车轮挡块	3		
	安全操作	□启动车辆时报告评委 □按规定力矩进行紧固 □工具的合理正确使用 □进行机油和冷却液液位检查后再启动发动机	8		
	5S规范	□仪器、工具、零件没有跌落或摆放凌乱 □每次使用完成后,工具设备合理归位,主要包括设备和工具没有随手放在发动机舱或地面等不合适的位置、设备使用完毕后关闭电源 □恢复工位到原标准工位布置状态 □废弃物及时清理、处理妥当	4		

263

续上表

评分项目	主要评分点	分值说明	分值	得分	评分记录
作业流程	外观检查	□车身外观 □轮胎轮辋 □紧固四个轮胎的螺栓 □加油口盖开启、关闭 □全部防水密封条、门框压条 □引擎盖开启、关闭 □前后门及尾门的开启、关闭 □玻璃、左右后视镜及灯具 □保险杠与车身的配合	18		
	发动机舱	□蓄电池状况及电压 □发动机机油液面 □制动液液面 □玻璃洗涤液液面 □冷却液液面 □散热器总成 □发动机舱有无油污 □油液管路有无泄漏	8		
	驾驶室	□门锁/中控门锁工作状况 □车门儿童安全锁作用 □车门窗玻璃升降工作状况 □车内外后视镜调整 □后门窗玻璃开闭状况 □前排化妆镜及灯状况 □前排阅读灯及顶灯状况 □车内门灯状况 □各座椅调节是否正常 □刮水器及喷水状况 □检查外部灯光系统工作状况 □组合仪表工作状况 □离合器、刹车、油门踏板状况 □A/C空调系统性能 □CD/FM/AM音响系统性能 □其他部件的功能操作	32		

续上表

评分项目	主要评分点	分值说明	分值	得分	评分记录
作业流程	底盘	□紧固转向拉杆调整锁紧螺母 □方向机密封防尘罩 □燃油管路及燃油箱 □制动液管路 □排气管路 □前悬架相关部件 □后悬架相关部件 □前后车轮 □发动机的油底壳 □自动变速器的各接触面	20		
工单填写	规范性	□工单整洁、字迹清晰	2		
	正确性	□信息获取填写正确	5		
安全文明否决		造成人身、设备重大事故;或恶意顶撞考官、严重扰乱考场秩序,立即终止考试,此题记零分			
总分			100		

车辆 PDI 检查操作工单

学生学号			学生姓名	
任务描述	按照维修手册的标准要求进行车辆 PDI 检查			
任务要求	一、车辆 PDI 检查: 1. 根据汽车维护操作要求,按照标准流程进行保养、更换作业; 2. 根据车辆和维修手册的信息填写以下数据记录。 二、注意事项: 1. 操作时注意人身安全; 2. 操作时注意做好车辆的防护; 3. 按照规范作业,合理、快捷; 4. 作业完成后将工具、量具、设备等恢复成考前状态; 5. 如果检查出异常现象,请记录(不必恢复)。			
数据填写	1. 发动机型号: 2. 车辆 VIN: 3. 轮胎的气压: 4. 车辆携带的附件: 5. 轮胎螺栓的紧固力矩: 6. 蓄电池的电压: 7. 车辆的生产日期: 8. 空调制冷剂的型号及加注量: 9. 机油的型号:			
异常现象	(没有异常可不填写)			

J06-02　尾气检测与分析

1.任务描述

在规定时间内,要求学生在被检测车辆上使用尾气分析仪对车辆进行尾气排放测量,并对测量结果进行分析,判断被测车辆排放是否符合国家标准。

学生操作尾气分析仪进行预热,直到检测界面,正确安装检测探头,并进行被测车辆怠速工况下尾气排放的检测。最终根据检测结果做出正确的分析,同时完成工单(分析报告)的填写。

作业中要求正确填写车辆和发动机相关信息、正确使用工量具和仪器设备、准确测量发动机排放数值、正确记录作业过程和测试数据,做到安全文明作业。

2.实施条件

(1)工位要求

①每个工位要求场地在 15~20 m²;

②每个工位配有 1 m×0.6 m 的工作台;

③每个工位准备三个回收不同类型废料的垃圾桶;

④配有电鼓、气鼓、LED 照明灯;

⑤每个工位应配有车轮定位专用举升机。

(2)工具仪器设备清单(每个工位的配置)

序号	名称	说明	数量
1	整车		1辆
2	尾气分析仪		1台
3	工具车	配备常用工具	1台
4	零件车		1台

(3)辅助材料清单(每个工位的配置)

序号	名称	说明	数量
1	清洁抹布		若干
2	车内三件套		1套
3	车外三件套		1套

3. 考核时量

考核时限：40分钟。

4. 评分细则

尾气检测与分析评分标准

考核内容		考核点及评分要求	分值	扣分	得分	备注
作业准备		穿工作服与安全鞋，女性要求戴帽	2			
		车辆信息填写	1			
		工具、备件检查	2			
发动机尾气排放检测	操作步骤	正确连接取样管和探头	5			
		检查各连接处，确认连接牢靠，无泄漏	5			
		连接仪器的电源、油温信号和转速信号线缆，接通仪器的电源开关，预热仪器	2			
		用密封套堵住探头，进行泄漏检查	5			
		拔掉密封套，进行调零	2			
		在仪器上通过按键输入车辆信息、发动机信息	5			
		将测速钳夹在点火线上，然后按确认键	2			
		将油温测量探头插入发动机的润滑油标尺孔中	2			
		在仪器上通过按键选择"急速标准测量"	5			
		等待仪器进行"HC"残留检查	2			
		修改仪器测量"额定转速"至3000 r/m	5			
		启动发动机并按仪器要求预热	5			
		预热完成后插入检测探头至车辆排气管400 mm，保持发动机急速运转	5			
		检测完毕后记录排放数值	5			
	否决项	操作过程中造成人员或者工具设备损伤				本次考核记零分
		不按要求进行危险操作，裁判可终止考核				

续上表

考核内容		考核点及评分要求	分值	扣分	得分	备注
作业后整理	清洁工具、工作台、场地、设备等	清洁	2			
		用过的清洁布、车内三件套等放入垃圾桶	3			
作业规范	按规定流程和方法进行作业	流程清楚，方法正确	5			
安全和5S	整个工作过程中的安全与5S	场地整洁，物品摆放有序	5			
		无安全问题	5			
维修工单		按要求填写，记录准确	20			
合计			100			

尾气检测与分析操作工单

项　目		尾气检测与分析		日期	
姓　名		班级		得分	

车辆信息	整车型号	
	车辆识别代码	
	发动机型号	
	发动机冲程	
	燃料类型	

一、前期准备	（不需要填写）
二、安全检查	

三、尾气检测与分析	1.记录测量数据和测量单位。 HC：_____　　CO：_____ CO_2：_____　　O：_____ 2.分析当前排放数值符合哪级国标排放要求。

四、现场恢复	（不需要填写）

J06-03 故障诊断仪的使用

1. 任务描述

在规定时间内，要求学生在被检测车辆上使用故障诊断仪对车辆进行发动机电控单元的数据读取，对读取结果进行分析判断，并使用故障诊断仪进行特殊功能操作。

学生在考核过程中，应正确连接故障诊断仪至车辆诊断接口，连接车辆充电机，正确打开车辆和故障诊断仪电源，直到检测界面。

作业中要求正确填写车辆和发动机相关信息、正确使用工量具和仪器设备、正确选择车型、年款、发动机型号；按工单要求正确读取并记录发动机故障代码和数据流；按工单要求执行动作测试。作业过程中做到安全文明作业。

2. 实施条件

（1）工位要求

①每个工位要求场地在 15~20 m²；

②每个工位配有 1 m×0.6 m 的工作台；

③每个工位准备三个回收不同类型废料的垃圾桶；

④配有电鼓、气鼓、LED 照明灯；

⑤每个工位应配有车轮定位专用举升机。

（2）工具仪器设备清单（每个工位的配置）

序号	名称	说明	数量
1	整车		1 辆
2	故障诊断仪	通用车型故障诊断仪 （如 X431、KT600、道通 908、金奔腾）	1 台
3	工具车	配备常用工具	1 台
4	零件车		1 台

（3）辅助材料清单（每个工位的配置）

序号	名称	说明	数量
1	清洁抹布		若干
2	车内三件套		1 套
3	车外三件套		1 套

3. 考核时量

考核时限：40 分钟。

4. 评分细则

故障诊断仪的使用评分标准

考核内容		考核点及评分要求	分值	扣分	得分	备注
作业准备		穿工作服与安全鞋，女性要求戴帽	2			
		车辆信息填写	1			
		工具、备件检查	2			
故障诊断仪的使用	操作步骤	正确连接充电机至车辆蓄电池，打开充电模式	2			
		正确连接故障诊断仪诊断接头至车辆 OBD 接口	5			
		打开车辆点火开关至 RUN 挡位（15 供电）	2			
		打开故障诊断仪电源	2			
		选择正确车型	4			
		选择正确年款	4			
		选择正确发动机型号	5			
		读取电控系统版本信息并记录	5			
		读取故障代码并记录	5			
		清除故障代码	5			
		读取发动机数据流并记录	5			
		通过故障诊断仪进行执行元件动作测试	5			
		正确退出故障诊断仪，关闭电源	2			
		关闭点火开关，拔出故障诊断仪插头	2			
		关闭充电机，正确断开电源夹	2			
	否决项	操作过程中造成人员或者工具设备损伤				本次考核记零分
		不按要求进行危险操作，裁判可终止考核				

续上表

考核内容		考核点及评分要求	分值	扣分	得分	备注
作业后整理	清洁工具、工作台、场地、设备等	清洁	2			
		用过的清洁布、车内三件套等放入垃圾桶	3			
作业规范	按规定流程和方法进行作业	流程清楚，方法正确	5			
安全和5S	整个工作过程中的安全与5S	场地整洁，物品摆放有序	5			
		无安全问题	5			
维修工单		按要求填写，记录准确	20			
合计			100			

故障诊断仪的使用操作工单

项目	故障诊断仪的使用		日期	
姓名		班级		得分

车辆信息	整车型号	
	车辆识别代码	
	发动机型号	

一、前期准备	（不需要填写）
二、安全检查	

三、故障诊断仪操作记录	1. 记录发动机控制单元版本信息： 2. 记录发动机故障代码： 故障代码：＿＿＿＿＿＿＿＿＿＿＿ 故障代码含义：＿＿＿＿＿＿＿＿＿＿＿＿＿＿ 3. 记录以下数据流信息： 发动机温度：＿＿＿＿＿＿＿＿　进气温度：＿＿＿＿＿＿＿＿ 油门踏板位置：＿＿＿＿＿＿＿　节气门位置：＿＿＿＿＿＿＿ 4. 执行以下元件动作测试，并向裁判展示冷却风扇低速挡运转
四、现场恢复	（不需要填写）

J06-04　车轮定位参数检测与车轮前束值调整

1.任务描述

在规定时间内,要求学生在四轮定位检测仪上对车辆进行车轮的定位参数检测,并对前轮前束参数进行调整。在被检车辆上已经安装了定位仪的定位装具,要求学生操作四轮定位仪器到检测界面,进行定位参数的检测,并能根据检测结果进行出正确的维修,同时完成工单的填写。

作业中要求较熟练地查阅维修资料、正确使用工量具和仪器设备、准确测量技术参数和正确调整前轮前束值到规定的参数、正确记录作业过程和测试数据,做到安全文明作业。

2.实施条件

(1)工位要求

①每个工位要求场地在 15~20 m²;

②每个工位配有 1 m×0.6 m 的工作台;

③每个工位准备三个回收不同类型废料的垃圾桶;

④配有电鼓、气鼓、LED 照明灯;

⑤每个工位应配有车轮定位专用举升机。

(2)工具仪器设备清单(每个工位的配置)

序号	名称	说明	数量
1	整车		1辆
2	四轮定位仪		1台
3	工具车	配备常用工具	1台
4	零件车		1台
5	卷尺		1个
6	轮胎气压表		1个
7	维修手册	与被测车型一致	1套

(3)辅助材料清单(每个工位的配置)

序号	名称	说明	数量
1	清洁抹布		若干
2	车内三件套		1套
3	车外三件套		1套
4	记号笔		若干

3. 考核时量

考核时限：60 分钟。

4. 评分细则

车轮定位参数检测与车轮前束值调整评分标准

考核内容		考核点及评分要求	分值	扣分	得分	备注
作业准备		穿工作服与安全鞋，女性要求戴帽	2			
		车辆信息填写	1			
		工具、备件检查	2			
维修手册使用	关键数据使用维修手册确认	查询操作流程	2			
		查询技术参数	2			
车轮定位参数检测与车轮前束值调整	操作步骤	将车辆升至合适高度	2			
		测量车身高度	3			
		车辆配重	3			
		检测胎压	4			
		检查车轮与轮胎	4			
		检查车轮转向节	4			
		检查横拉杆球头	4			
		检查前悬挂下控制臂球头	4			
		检查前悬挂下控制臂轴承	4			
		检查前减振器与弹簧	4			
		检查前平衡杆与连杆	4			
		将车辆升至合适高度检查前束值	4			
		检查前束参数	4			
		对正方向盘并固定在定位	4			
		松开横拉杆端固定螺帽	4			
		调整前轮前束值	5			
		拧紧横拉杆端部固定螺帽	5			
		再次检查前束参数	5			
	否决项	操作过程中造成人员或者工具设备损伤	/			本次考核记零分
		不按要求进行危险操作，裁判可终止考核				

273

续上表

考核内容		考核点及评分要求	分值	扣分	得分	备注
作业后整理	清洁工具、工作台、场地、设备等	清洁	2			
		用过的清洁布、车内三件套等放入垃圾桶	2			
作业规范	按规定流程和方法进行作业	流程清楚，方法正确	2			
安全和5S	整个工作过程中的安全与5S	场地整洁，物品摆放有序	2			
		无安全问题	2			
	维修工单	按要求填写，记录准确	10			
合计			100			

车轮定位参数检测与车轮前束值调整操作工单

项目	车轮定位参数检测与车轮前束值调整		日期	
姓名		班级	得分	

车辆信息	整车型号	
	车辆识别代码	
	发动机型号	

一、前期准备	（不需要填写）
二、安全检查	

三、车轮定位参数检测与车轮前束值调整	1. 在完成下列项目后进行打钩标记。 □将车辆升至合适高度 记录车身高度：　　　　记录车辆配重： □检测胎压 □检查车轮与轮胎 □检查车轮转向节 □检查横拉杆球头 □检查前悬挂下控制臂球头 □检查前悬挂下控制臂轴承 □检查前减振器与弹簧 □检查前平衡杆与连杆 □将车辆升至合适高度检查前束值 □检查前束参数 □对正方向盘并固定在定位 □松开横拉杆端固定螺帽 □调整前轮前束值 □拧紧横拉杆端部固定螺帽 □再次检查前束参数

续上表

四、调整后检查	1. 检查前束参数。 测量值：_____　□正常　□不正常
五、资料查询	1. 前轮前束参数。 标准值：_____
六、现场恢复	（不需要填写）

J06-05　空调系统性能检测

1.任务描述

在规定时间内,对汽车空调的性能进行检测,要求学生能正确安装空调歧管压力表,能正确读出压力表上高低压的压力值。能使用干湿温度计测量数据,能正确使用风速仪进行出风口风速的测量,通过检测数据,能分析空调的制冷性能。

作业中要求较熟练地查阅维修资料、正确使用工量具和仪器设备、正确记录作业过程和检查结论,做到安全文明作业。

2.实施条件

(1)工位要求

①每个工位要求场地在 15~20 m²;

②每个工位配有 1 m×0.6 m 的工作台;

③每个工位准备三个回收不同类型废料的垃圾桶;

④配有电鼓、气鼓、LED 照明灯。

(2)工具仪器设备清单(每个工位的配置)

序号	名称	说明	数量
1	工具车	配备常用工具	1台
2	零件车		1台
3	整车		1辆
4	车轮挡块		1个
5	风速仪		1个
6	干湿计		1个
7	空调压力表		1套
8	防护手套		1个
9	防护目镜		1副
10	维修手册	与被检车型一致	1套

(3)辅助材料清单(每个工位的配置)

序号	名称	说明	数量
1	清洁抹布		若干
2	空调制冷剂		若干

3. 考核时量

考核时限：40 分钟。

4. 评分细则

空调系统性能检测技术方案与实施评分标准

考核内容		考核点及评分要求	分值	扣分	得分	备注
作业准备		穿工作服与安全鞋，女性要求戴帽	1			
		车辆信息填写	1			
		工具、备件检查	1			
维修手册使用	关键数据使用维修手册确认	查询操作流程	2			
		查询技术参数	2			
空调系统性能检测	操作步骤	安装室内三件套	2			
		安装室外三件套	2			
		安装车轮挡块	2			
		检查冷却液液位	2			
		检查机油液位	2			
		连接高压侧压力表管	3			
		连接低压侧压力表管	3			
		启动发动机	2			
		发动机转速稳定在 1500~2000 r/min	3			
		按下 A/C 开关	2			
		将风量开关置于最高挡	2			
		将出风口调至正向出风	2			
		将温度调节至最低温度	2			
		开启外循环模式	2			
		开启车窗	2			
		开启车门	2			
		检查环境温度和湿度	2			
		检查空调出风口温度	3			
		检查空调出风口风速	3			
		检查高压侧压力	2			
		检查低压侧压力	2			
		关闭空调	2			
		发动机熄火	2			

续上表

考核内容		考核点及评分要求	分值	扣分	得分	备注
空调系统性能检测	操作步骤	取下空调压力表	2			
	否决项	操作过程中造成人员或者工具设备损伤				本次考核记零分
		不按要求进行危险操作，裁判可终止考核				
作业后整理	清洁工具、工作台、场地、设备等	清洁	2			
		用过的清洁布、车内三件套等放入垃圾桶	3			
作业规范	按规定流程和方法进行作业	流程清楚，方法正确	5			
安全和5S	整个工作过程中的安全与5S	场地整洁，物品摆放有序	5			
		无安全问题	5			
	维修工单	按要求填写，记录准确	20			
合计			100			

空调系统性能检测技术方案与实施操作工单

项目		空调系统性能检测		日期	
姓名			班级	得分	
车辆信息	整车型号				
	车辆识别代码				
	发动机型号				
一、前期准备		（不需要填写）			
二、安全检查					
三、空调系统性能检测		在完成下列项目后进行打钩标记。 □安装室内三件套 □安装室外三件套 □安装车轮挡块 □检查冷却液液位 □检查机油液位 □连接高压侧压力表管 □连接低压侧压力表管 □启动发动机 □发动机转速稳定在 1500~2000 r/min □按下 A/C 开关 □将风量开关置于最高挡 □将出风口调至正向出风			

续上表

三、空调系统性能检测	□将温度调节至最低温度 □开启外循环模式 □开启车窗 □开启车门 □检查环境温度和湿度 □检查空调出风口温度 □检查空调出风口风速 □检查高压侧压力 □检查低压侧压力 □关闭空调 □发动机熄火 □取下空调压力表 □空调性能判断描述
四、系统测量	1. 出风口温度 测量值：_____　□正常　　□不正常 2. 出风口风速 测量值：_____　□正常　　□不正常 3. 环境温度 测量值：_____　□正常　　□不正常 4. 环境湿度 测量值：_____　□正常　　□不正常 5. 低压侧压力 测量值：_____　□正常　　□不正常 6. 高压侧压力 测量值：_____　□正常　　□不正常
五、资料查询	1. 高压侧压力标准值： 2. 低压侧压力标准值： 3. 出风口风速标准值： 4. 出风口温度标准值：
六、现场恢复	（不需要填写）

七、空调性能判断

1.湿度计算参见图1空气温湿图，空调性能参见图2和图3，在图上做出标注。

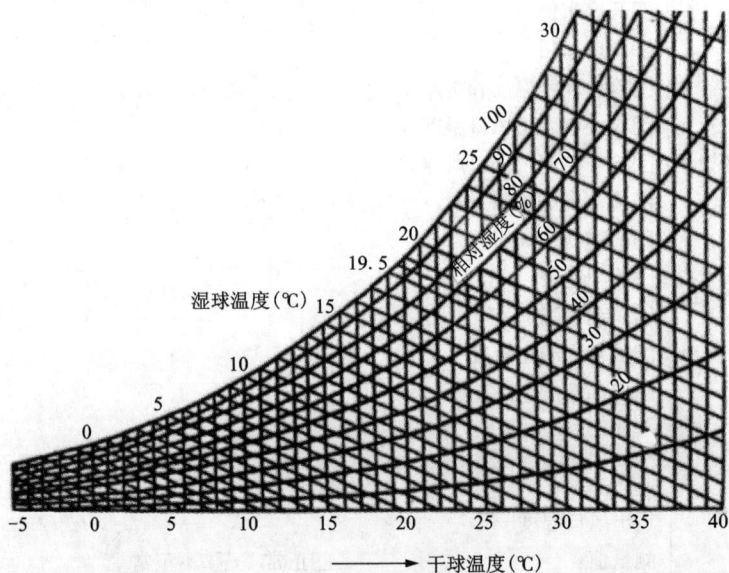

图1　空气温湿图

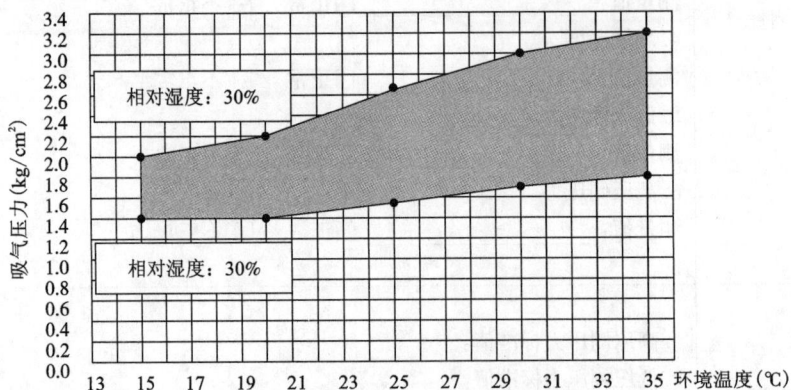

图2　环境温度与吸气压力对照图

续上表

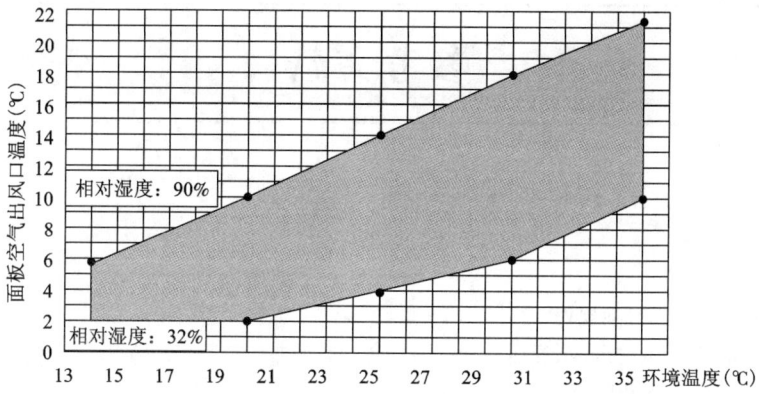

图3　环境温度与面板空气出风口温度对照表

2. 结论分析

参考文献

［1］GZ-2021022,汽车技术赛项规程

［2］GZ-2021048,市场营销技能赛项规程

［3］世界技能大赛汽车技术赛项规程

［4］通用科鲁兹维修手册

［5］大众迈腾 B7 维修手册

［6］中车行 1+X 汽车运用与维修职业技能等级证书考核资料